植物のすさまじい生存競争

巧妙な仕組みと工夫で生き残る

田中 修

はじめに

植物たちは、動きまわることなく、静かに暮らしています。日々の生活に追われ、動きまわる私たち人間から見ると、その暮らしぶりは「のんびりしている」という印象があるかもしれません。

しかし、それはとんでもない誤解です。植物たちは、芽をだした場所で生き続け、子孫を残さなければなりません。そのためには「ものすごい」、あるいは「すさまじい」と表現できるような「**戦い**」をせざるを得ないのです。本書では、植物たちのそんな**5つの戦い**を紹介します。

1つ目は、**枯れ滅びない**ための戦いです。植物たちは、生きていくための条件が満たされれば、暮らしていけます。そのような場所に生きていれば、容易に枯れたり、滅びたりすることはありません。

でも、他の植物がその場所に侵入してくれば、自分たちの暮らしが脅かされます。自分たちの静かな暮らしを守るために、侵入してきた植物と戦わねばなりません。あるいは、自分が新しい生育地を獲得するため、離れた場所にタネが移動すると、そこですでに育っている植物たちと戦わなければなりません。

2つ目は、**厳しい気候からからだを守る**ための戦いです。生育する場所が獲得できたとしても、夏には、暑さはもちろんですが、紫外線や灼熱の太陽の強い光に耐えねばなりません。冬には、寒さと戦わねばなりません。

3つ目は、**食べられる宿命**との戦いです。動物は植物を食べて生きています。そのため、植物には「食べられる」という宿命があります。植物たちが生き抜いていくためには、動物に食べ尽くされないための戦いをしなければならないのです。

4つ目は、ハチやチョウなどの虫を誘うための戦いです。多くの植物たちは、花を咲かせると、ハチやチョウなどに花粉を運んでもらって、次の世代を生きる子孫であるタネをつくります。そのために、他の種類の植物と競いあって、ハチやチョウなどを花に誘い込む戦いをしなければなりません。

5つ目は、生き残るための戦いです。植物の生涯とは、「タネが発芽し、根が土に生え、水や養分を吸収する。緑の葉っぱがでて、それが光合成をして栄養をつくる。やがて、きれいな花が咲き、タネができる」と思われがちです。しかし、すべての植物が、このようにして生き残っているわけではありません。工夫を凝らし、これ以外の方法で生き残りを図っているものもいます。

本書では、植物たちが生き続け、子孫を残すために逃れることができない5つの戦いと、それに挑む姿、そして、その戦いに臨むために備えている知恵や工夫を紹介しています。

2020年5月　田中 修

CONTENTS

植物のすさまじい生存競争

～巧妙な仕組みと工夫で生き残る～

第1章

枯れ滅びない

植物の芽が地上にでてくると、葉っぱを展開しながら、芽生えが成長します。やがて、花が咲き、果実が実り、タネができます。これが、多くの植物たちの生涯です。植物たちは、その生涯をまっとうすることを望んでいるはずです。

しかし、自然は、植物たちがその思いを何ごともなくまっとうできるほど、甘くはありません。それぞれの植物が、枯れずに、無事に成長し、花を咲かせ、タネを残すために、自分の与えられた場所で、**まわりの環境と戦って生きている**のです。枯れないために必要なのは、主に、「**光を受ける力**」「**生育する場所を確保する力**」「**水や養分を吸収する力**」の3つです。

植物が、生命を維持し成長していくためには、栄養が必要です。そのため、植物たちは、栄養をつくるために、根から吸った水と、葉っぱから吸収した空気中の二酸化炭素を材料に、太陽の光を利用して、葉っぱでブドウ糖やデンプンをつくるの

ための戦い

です。この反応は、「**光合成**」といわれます。この反応を行うためには、光を受ける力が必要です。そのため、植物たちは、光を奪い合う戦いをしなければなりません。

植物たちが枯れ滅びずに成長するために、もう１つ確保しなければならないのは、生育するための場所です。根を張りめぐらせ、水や養分を吸収するための土地を確保する力をもたなければならないのです。

生育する場所が確保できると、次に、植物たちには、水や養分を吸収するために、根を強く張りめぐらせる力が必要になってきます。

本章では、すさまじい生存競争を勝ち抜いてきた代表的ないくつかの植物を取り上げ、それらの植物たちがもつ力を紹介します。

01 由緒正しい「日本最強の植物」とは何か? ～クズ①

クズという植物があります。クズの原産地は、日本、中国などを含むアジア地域です。クズは野原の隅や川の土手など、草や木がある日当たりの良いところなら、どこにでも育ちます。ツルを伸ばして成長する植物なので、和名の「クズ」にツルを意味する「カズラ(蔓)」をつけて、「クズカズラ(葛蔓)」とよばれることがあります。

クズは、日本では、**古くから私たちの身近で育っています。**それを象徴するように、奈良時代に編さんされた、日本最古の歌集といわれる『万葉集』に、「秋の七草」の1つとして詠(よ)まれています。

クズの花。白い花を咲かせる「変わり者」のクズもいますが、普通は、秋に紅紫色の花が房のようになって咲きます。その上品な趣は、「秋の七草」にふさわしい気品を漂わせます。

　奈良時代の歌人である山上憶良が、「萩の花　尾花葛花　撫子(瞿麦)の花　女郎花また藤袴　朝顔の花」と詠んだ「葛花」がクズなのです。ここにでてくる萩は「ヤマハギ」、尾花は「ススキ」、朝顔は「キキョウ」を指すといわれます。「秋の七草」は、花に趣のある、眺めて楽しんだり、歌に詠まれたりする植物です。

　クズの根も、昔から私たちとともに生きてきました。クズの根からは**良質なデンプン**がとれます。これは、私たちの食べ物となっています。クズ湯、クズ餅、クズまんじゅう、クズ切り、肉や魚のあんかけや吸い物に使われるクズ粉などに使われます。クズ粉は、薬効にすぐれているので、お腹をこわしたり、風邪を引いたりしたときに、クズ湯を飲んだ方も多いはずです。

クズ湯。クズ粉を水で溶いて砂糖を加え、お鍋で熱してつくります。からだが温まり「とろみ」があるので冷めにくく、飲みやすいため、離乳食や病み上がりの食事などで使われてきました。

クズ粉。クズの根からとれるデンプンを精製してつくられます。

クズ餅。近年、天然のクズ粉だけでつくられるクズもちは、少なくなっています。

写真（右下）：株式会社 井上天極堂

02 「大型の葉っぱ」の強力な光合成で、急成長する ～クズ②

本書の書名は、『植物のすさまじい生存競争』であり、本章では、「すさまじい生存競争を勝ち抜いてきた代表的ないくつかの植物を取り上げ、それらの植物たちがもつそれぞれの力について紹介します」と書きました。

そして、前項で、少しおおげさな「日本最強の植物」という見出しをつけて、私たちとともに生きてきたクズの姿について紹介しました。しかし、紹介されているクズの姿からは、「すさまじい」や「日本最強の植物」という言葉は浮かんできません。

「なぜ、クズが、すさまじい生存競争を行き抜いてきた植物の1つとして、最初に紹介されるのか？」と怪訝(けげん)に思われるでしょう。

クズの**成長力はすごい**のです。その力は、まず、**葉っぱ**に見られます。クズの葉っぱは、3枚の「**小葉**(しょうよう)」からなります。この小葉は「小

伸びるクズのツル。「1日に25cm伸びた」とか「1年に850mも伸びた」とかいわれます。どのように測定された記録なのか気になりますが、クズの成長が他の植物に比べてすさまじいことは確かです。

さい葉っぱ」という意味ではなく、「1枚の葉っぱを形づくる葉っぱ」という意味です。3つ葉のクローバーには3枚、4つ葉のクローバーなら4枚の小葉があります。クズの3枚の小葉は、小葉といってもかなり大型で、それぞれが人間の「手のひら」ほども大きいものです。これで**光合成をして、成長のための栄養を豊富につくりだします**。葉っぱの裏が白くて、よく目立つのが、クズの葉っぱの特徴の1つです。

クズのツルは、すさまじい伸び方をします。地上部のツル性の茎がそんなに太くないのは、根が成長を支えているため太くなる必要がなく、ツル性のため直立しなくてもよいからです。**茎を太くする栄養は、ツルを伸ばすことに使われている**のです。

次項で、クズの根のすごさを紹介します。

クズの葉っぱ。地上部の春から初夏にかけての、ものすごく速い成長は、大きな葉っぱがする光合成の栄養によるものです。もう１つ、このすごい成長に貢献しているのが、栄養をたっぷり蓄えて土の中に隠れている根です。

03 窒素を自前で調達して急成長 ～クズ③

　クズの根は、サツマイモの食用部である塊根の太さを越えて、直径10～20cmほどもあり、長いものでは、全長が3mを超えます。ここには、多くの栄養が蓄えられています。

　普通の植物は、自分で光合成をして栄養をつくりながら成長するので、急激に成長することはできません。しかし、クズは、**根に蓄えられた栄養を使いながら（葉っぱで光合成をしながらですが）、ツルを伸ばし、新しい葉っぱを展開していく**のです。

　しかも、クズはマメ科の植物です。マメ科の植物の特徴は、根に、**根粒菌**を住まわせていることです。根粒菌は、空気中の

フォークリフトで運搬されているクズの根。一般の人がこの巨大な根を自力で抜くのは相当困難でしょう。
写真：株式会社 井上天極堂

窒素を吸収し、窒素肥料に変える力をもっているのです。私たちが植物を栽培するときには、肥料を与えます。多く与える肥料は、「**三大肥料**」とよばれている「**窒素**」「**リン酸**」「**カリウム**」です。三大肥料の中でも、植物が最も必要としているのが、**窒素肥料**なのです。

なぜなら、窒素は、葉っぱの緑の色素であるクロロフィル（葉緑素）や、形や性質を子どもに伝えるための遺伝子、生きていくためになくてはならないタンパク質をつくるために必要なものだからです。ですから、植物は窒素肥料を必要とし、私たちは、植物を栽培するときに窒素肥料を与えるのです。

クズが大きな葉っぱで光合成をしても、窒素は光合成では得られません。だからこそ、私たちも植物を栽培するときには、どんなに光が当たる植物にも、窒素肥料を与えるのです。

クズの根の根粒。クズはマメ科の植物なので、住まわせている根粒菌により、窒素肥料をもらえます。そのため、クズは、肥えていないやせた土地でも生育できます。
出典：金子康子（埼玉大学教育学部教授）「マメ科植物クズの河川敷への侵出を促す共生窒素固定根粒の形成・発達特性の解明」河川整備基金助成事業

04 「全米が震撼！」した驚異の繁殖力 ～クズ④

クズの繁殖力の旺盛さは、私たちの身近で見ることができます。ごみが少しでもあれば、その上に覆いかぶさって成長するので、「ごみが、**クズ**に生まれ変わった」と洒落た表現をされます。「なぜ、これが洒落た表現なのか？」と疑問に思われるかもしれません。でも、この**クズ**は、必要のない、何の役にも立たない**屑**ではありません。この植物の名前である**クズ（葛）**を指しているのです。

クズが、本当に、旺盛な繁殖力を発揮しているのは、日本ではなく、米国です。クズは、日本から米国に行き、大繁茂しているのです。米国では、「**クズバイン**」とよばれています。クズは和名であり、バインは「ツル」を意味します。

最初、クズはその力強い繁殖力を見込まれて、堤防などの決壊を防ぐために土壌を保全することが期待されて、米国に行きました。あるいは、「上品な花の観賞用に、米国にもち込ま

電信柱なら柱に沿って、横に支えとなっている金属線にもからまりついて、どんどん登っていきます。

れた」ともいわれます。

ところが、クズは、その繁殖力をもてあまし、雑草化しました。米国でも、「枯れ滅びてなるものか」と、その「生きる力」を駆使して、がんばっているのです。クズは、米国では、日本からやってきた嫌われものの「**帰化植物**」となっているのです。

日本でも、外国からきて繁茂して、帰化植物とよばれるものがあります。セイタカアワダチソウやセイヨウタンポポなどです。ただ、帰化植物という語には、「嫌われもの」という意味は含まれていません。**もともと育っていた地域から、他の地域へ移動して、その土地に根づいて生きている植物**という意味です。嫌う人もいますが、セイタカアワダチソウやセイヨウタンポポなどは必ずしも、嫌われものとは限りません。これらの花はきれいなので、「好きな植物」にあげる人もいます。クズも、米国で、好いてくれている人がいることを願っています。

クズは他の植物の上に覆いかぶさるように葉っぱを広げて成長するので、その葉っぱの陰になった植物は光合成ができずに枯れてしまいます。クズの葉っぱが覆った地面では、他の植物が発芽したとしても光を受けられないので、やはり枯れてしまいます。

05 天敵がいない米国では「向かうところ敵なし」～クズ⑤

「植物は侵略していく」といわれることがあります。おとなしく成長する植物に、そのような表現はふさわしくありませんが、米国では、クズは、「インベーダー」とよばれているのです。インベーダーとは、「侵略者」という意味です。「日本からの侵略者」の意味を込めて、「ジャパニーズ・インベーター」ともいわれます。

クズが繁茂したところは、**緑の砂漠**という表現が使われることがあります。「植物が育っているのに、なぜ**砂漠**といわれるのか」と不思議がられます。でも、この緑のカーペット状の砂漠の中には、クズ以外に、他の植物はほとんど育っていないような状態なのです。そのため、「砂漠」という言葉が使わるのです。

また、クズは前述したように、小高い山のように積まれたごみの山の上を、みるみるうちに覆いつくします。本当のごみが積まれていても、小屋のようなものであっても、小さな樹木が

繁茂するクズ。米国では広い平地にはびこると、少し離れたところから見たとき、緑のカーペットを敷き詰めたように見えます。地面を占拠し覆っているのです。

茂っていても、気にしません。日本原産の植物と知らなければ、すごい繁殖力から、「熱帯林などに育つ珍しい植物だろう」と、想像されそうです。

クズは、米国では「ジャパニーズ・インベーダー」という名前以外に、その旺盛な繁殖力から「ジャパニーズ・グリーン・モンスター（緑の怪物）」とよばれています。それなのに、「なぜ、日本では、グリーン・モンスターのようにならないのか」との疑問がでてきます。たしかに、古くから、私たちの身近に育っているのに、米国ほど、日本では大繁茂していません。

日本には、クズは昔からあるので、**天敵となる動物**がいるのです。**マルカメムシ**や**オジロアシナガゾウムシ**などが、天敵となる虫といわれます。これらは、クズを食べるのです。また、**ヤギ**や**ウシ**などの草食動物は、クズが好きだといわれます。

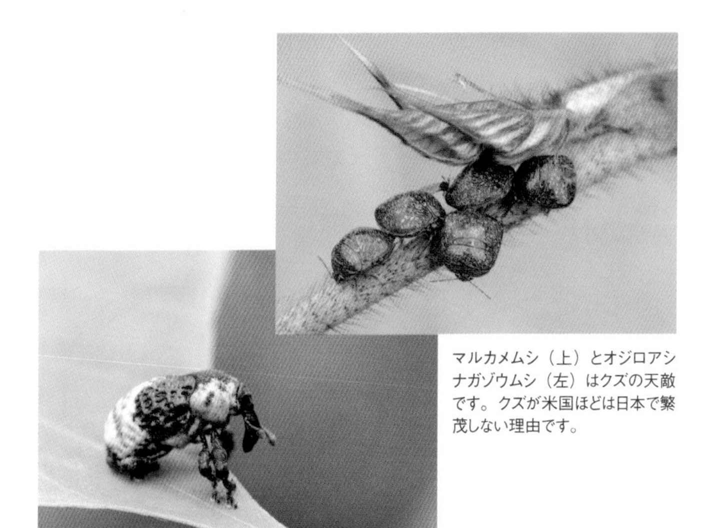

マルカメムシ（上）とオジロアシナガゾウムシ（左）はクズの天敵です。クズが米国ほどは日本で繁茂しない理由です。

06 正常な成長を犠牲にしても光を追い求める「徒長」～光を受けられなければ「死」あるのみ

クズは、旺盛に背丈を伸ばし、他の植物に覆いかぶさるように育ちます。クズでは、この性質が旺盛なのですが、どの植物にも、**光を求めて背丈を伸ばす性質**はあります。それは、より多くの光を得るためです。**徒長**（とちょう）とよばれる現象です。

発芽したあとの芽生えの成長は、環境により異なります。多くのタネが、狭い場所に一緒に発芽した場合、芽生えは、隣り合う仲間と競い合うように、ヒョロヒョロと背丈を伸ばします。そのため、倒れやすくなり、病気や害虫への抵抗性が弱くなります。これが徒長であり、**茎が細く、長くなる**のが特徴です。

徒長は、肥料が多すぎたり、高温多湿の状態が続いたりするとおこることがあります。しかし、**徒長の主な原因は、芽生えに当たる光の不足**です。そのため、日陰になっていたり、1カ所に多くのタネがまかれて苗の間隔が狭かったり、ビニールハウスなどの被覆資材が汚れていたりすることによってもおこります。

光がまったく当たらない真っ暗な中では、典型的な徒長が

フィトクロムによるブレーキ

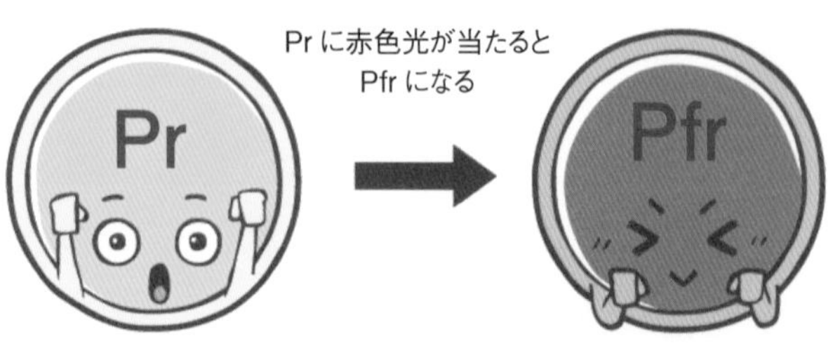

フィトクロムの「Pr」タイプに赤色光が当たると「Pfr」タイプに変化し、これが茎の伸長を抑制します。

おこります。それが、**モヤシ**の姿です。光が当たれば、モヤシは背丈を伸ばすのを止めます。ということは、真っ暗な中にいるか、光が当たっているかを、植物は見分けているのです。

光が当たるところまで徒長を続ける

植物が背丈を伸ばすのを止めるために、自分に光が当たっていることを見きわめているのは、**フィトクロム**という物質です。**植物のからだの中にあるフィトクロムが光を感じると、背丈を伸ばすのにブレーキをかける**のです。

光が当たらないと、フィトクロムが光を感じないので、ブレーキがかかりません。そのため、**栄養さえあれば、暗黒の中で植物の背丈はどんどん伸びます**。当たる光の強さが弱いと、フィトクロムが光を強く感じないので、ブレーキが強くかかりません。そのため、植物は背丈を伸ばします。強い光が当たるところまで伸びると、そこで伸びるのを止めます。

他の植物の葉っぱが自分の上に覆いかぶさるように茂り、自分が陰になると、植物はその葉っぱを追い越すように背丈を高く伸ばします。動きまわらない植物たちは、背丈を伸ばして葉っぱを茂らすことにより、**太陽の光の奪い合い**をしているのです。

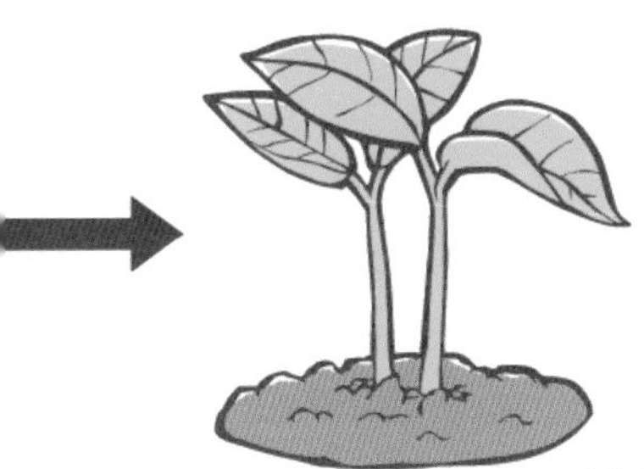

Pfrは茎の伸長を抑制する

07 植物は「光のくる方向」を必死で探す
～「フォトトロピン」が光のくる方向を見きわめる

「植物は光に向かって上に伸びる」といわれますが、むやみに上に向かって伸びるのではありません。他の植物の葉っぱが覆いかぶさっていれば、それらの葉っぱの隙間から差し込む太陽の光を見きわめて、その光に向かって伸びます。つまり、「どこに伸びれば光を受けられるのか」と見きわめて隙間を見つけ、伸びているのです。

このように、茎の先端が光のくる方向へ曲がって伸びていく性質は、「**光屈性**」とよばれます。小学校・中学校の理科の教科書などには、真っ暗な箱の中に鉢植えの植物を置き、箱の側面に小さな穴を開け、そこからだけ光を入れる実験があります。

この箱の中の植物の茎の先端は、光のくる穴の方向に向かって伸びていきます。また、室内で栽培する植物を日当たりの良い窓辺に置いておくと、茎の先端は、光のくる方向へ曲がって伸びていきます。この光屈性という性質で、光のくる方向を見きわめているのは、「**フォトトロピン**」という物質です。

茎の先端を光の方向に向けるワケ

光屈性には、多くの光を得るための理屈がきちんとあります。芽生えが、茎の先端を光の方向に向ければ、その茎の先端の下にある葉っぱの表面は光に直面します。葉っぱが光に直面すると、葉っぱの表面に多くの光を受けることになります。

一定量の光が、垂直方向に真上から葉っぱの表面に照射してきた場合と、斜めの角度から照射してきた場合を模式的に

下図に示しました。真上からと斜めの角度で、光が葉っぱの表面に当たった場合を比較したものです。

真上からの場合のほうが、同じ面積で、多くの光を受け取ります。斜めの角度から光が照射してきた場合は、同じ面積でも受け取る光の量は少ないのです。そのため、真上から光がくるときの方が、斜めからの場合に比べて、同じ面積の葉っぱでも多くの光を受け取ることになります。

つまり、茎の先端を光に向けると、その下にある葉っぱの表面には、光が垂直に当たり、同じ面積で多くの光を受け取ることができるのです。

植物は、**光が必要なとき、茎の先端を光のくる方向に向けることで、多くの光を受け取れることを知っている**のです。

一定量の光が垂直方向と斜めの角度から葉を照射した場合の模式図

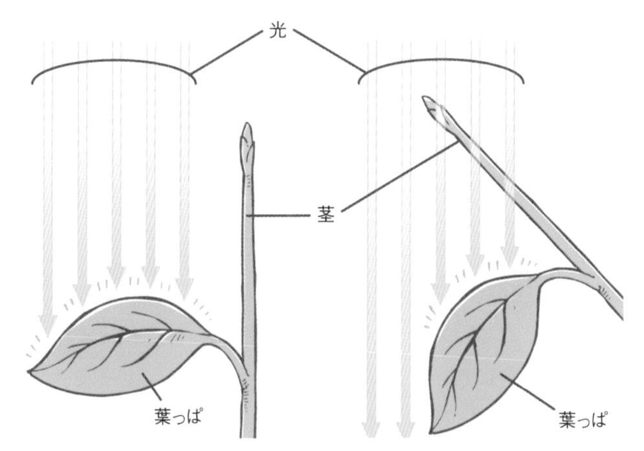

一定量の光が、垂直に真上から葉っぱの表面に照射してきた場合、斜めから光が照射してきた場合よりも、同じ面積で受け取る光の量は多くなります。

08 接触を感知して「上へ、上へ」と光を求める ～クズのツル

クズのツルは、巻きつきながら、上へ伸びます。上に伸びれば、光が受けられるからです。「では、ツルが巻きつくのは、どんな性質が支配しているのか」との疑問が浮かびます。

ツルが巻きつくためには、**巻きつくものに接触**しているはずです。この「接触する」ことが、巻きつくための第一歩です。ツルは、接触したものに巻きつきます。

ツルが棒やひもに巻きつくには、最初に、ツルが棒やひもに接触したことを**感知**しなければなりません。ツルは、物に接触する――「触れる」という刺激を感じるのです。

たとえば、7～10日間、2本の指でツルを挟んで、毎日5回、10回、15回、30回などと上下にこする処理をしていると、ツルの様子が違ってきます。何も触らない場合に比べて、上下にこする回数が多ければ多いほど、ツルは伸びなくなり、太く短くなるのです。

ツルが棒やひもに触れる場合、触れるのはツルの片側だけです。触れたツルの側面は、触れない側面より伸びないために、太く、短くなります。ツルの触れない側面が触れる側面よりよく伸びると、触れている側面を内側にして、巻き込むように曲がります。その結果、巻きつくことになります。

だから、**ツルが棒やひもに巻きつく現象は、ツルの内側になった側と外側になった側の成長の差**に基づいています。この成長の差を肉眼で観察するのは難しいのですが、巻きついているツルをほどいて伸ばしてみるとよくわかります。ほどけたツルは、まっすぐではなく、バネのように巻いた姿になるからです。

クズの花とツル。ツルには、「触れる」という刺激を感じると、伸びないために、太く短くなるという性質があります。

ツルが巻きつく仕組み

ツルの片側が棒やひもに触れると、触れた側面は触れない側面より伸びないために、太く短くなります。触れない側面が触れる側面よりも、よく伸びるので、ツルは巻き込むように曲がります。その結果、巻きつくことになります。

09 高齢者なら「猛烈な繁茂」を記憶する人も多い ～セイタカアワダチソウ①

「猛威をふるう」という表現があります。ものすごい勢いで、広い範囲に、その影響が及ぶことです。たとえば、流行性のインフルエンザが広まるときや、消火されずに勢いよく燃える森林火災の広がり、厳しい寒さが一帯をおおう寒波が到来したときなどに使われます。

普通、植物が繁茂する様子は、「猛威をふるう」とは表現されません。でも、そのように表現されても、異を唱えられたり、奇妙に思われたりしないくらい繁茂する植物があります。その1つが**クズ**でした。

もう1つの植物が、**セイタカアワダチソウ**です。セイタカアワダチソウは、北米原産のキク科の植物です。春から夏にかけて、スラリと背丈を伸ばし、高さは2mを超えることもある植物です。

ブタクサと間違われ、「花粉症の原因となる植物」といわれました。しかし、セイタカアワダチソウは、**虫に花粉を運んでもらう虫媒花（ちゅうばいか）であり、花粉症の原因になることはない**のです。「濡れ衣」を着せられたのです。

英名は「ゴールデンロッド」、あるいは「トールゴールデンロッド」で、さしずめ、「背の高い（tall）金（golden）のムチや竿（rod）」という意味でしょう。どこにでも生え、抜き取るのもやっかいなので、多くの人には、あまりいい印象をもたれていない植物です。

しかし、**晩秋に飛ぶハチたちには貴重な植物**なのです。秋が深まり寒くなってくると、野原や空き地にはきれいな色の花が少なくなります。そのころ、セイタカアワダチソウの鮮やかな黄色い花がひときわ際立ちます。ハチたちには、この花は得がたい蜜源です。

事実、セイタカアワダチソウの花粉と蜜は、ミツバチの越冬用の食糧になります。セイタカアワダチソウから集められたハチミツの味はあまりよくなく、人間には「おいしくない」ので、食べられることはないのですが、ミツバチの冬越しのための大切な食べ物となっています。ですから、ハチにはごちそうなのでしょう。あるいは、冬越しを前にした秋遅くに咲く花は少ないので、ハチたちも冬越しのために仕方なく食べているのかもしれません。

セイタカアワダチソウ。初秋から、黄色い花を多く咲かせます。晩秋には、白い綿毛状のタネが泡立つように見えます。だから、「背高泡立ち草」といわれます。

10 猛威をふるったのには「5つの理由」がある ～セイタカアワダチソウ②

「**徒党を組む**」という表現があります。「あることを企んで、同じ志をもつ仲間が集まり、結束を固めること」です。植物が徒党を組むとは思えませんが、いかにも、徒党を組んだように固い結束で、他の植物は立ち入れないような、**なわばり**をつくることがあります。それが、セイタカアワダチソウです。

ひと昔前、セイタカアワダチソウは猛威をふるって、あちこちの空き地や野原、土手などに大繁茂しました。そのころ、「セイタカアワダチソウは、なぜ、こんなに猛威をふるって繁茂できるのか？」と不思議がられましたが、その理由として、主に以下の5つの説明がなされました。

1つ目は、セイタカアワダチソウは帰化植物であり、「**日本に天敵や病害虫がいないから**」という説明でした。セイタカアワダチソウの原産地は北米で、1900年代のはじめに日本に入ってきたといわれますが、定説はありません。しかし、「帰化植物であるため、日本に天敵や病害虫がいない」のは事実であり、猛威をふるって繁茂した一因です。

2つ目は、セイタカアワダチソウは、花の咲く時期が9～12月と長く、**多くのタネがつくられるから**という説明です。「1個体で数万個のタネをつくる」といわれたり、「よく育った1本のセイタカアワダチソウから、約27万個のタネが風に飛ばされていく」ともいわれます。ものすごい数です。

3つ目は、「群落をなして成育し、背丈が高いために、その群落の中は暗く、**発芽に光を必要とする多くの雑草のタネは発芽して成長するのがむずかしいから**」という説明です。

4つ目は、ふつうの雑草に比べて、根が深くまで（約50cmの深さにまで）伸びていて、**「根が深くまで伸びない他の雑草が使えないような養分を使うことができたから」**という説明です。

5つ目は、「冬の間は、**ロゼット**の姿で過ごすから」という説明です。ロゼットについては、**次項**で紹介します。

猛威をふるうセイタカアワダチソウ。多くの高齢者の方は、セイタカアワダチソウが1950年代に、植物が生育する場所を占拠していた姿を思いだされるはずです。

11 「ロゼット」で冬を越す「4つの利点」 ～セイタカアワダチソウ③

ロゼットとは、茎を伸ばさず、株の中心から放射状に多くの葉っぱを、地面をはうように広げる姿です。この場合には、葉っぱがなるべく重ならないようにでてきます。

そのため、葉っぱがバラの花の花びらのように相互にずれて重なり合っています。この姿は、バラ(rose)の花のように見えることから、バラの英語名「ローズ」にちなんで、「ロゼット(rosette)」とよばれます。

ロゼット状態で冬を越せば、次のような利点があります。

1つ目は、芽と葉っぱが地面の近くにあるので、**寒さや乾燥をしのげる**ことです。なぜなら、冬の寒さや乾燥は、地面から高くなるにつれて厳しく、地表面近くではやわらぐからです。また、葉っぱは、地面にへばりついていると、冷たい風をあまり受けないからです。

2つ目は、寒さや乾燥をしのぐだけでなく、この姿は、葉っぱを大きく広げているので、**光を十分に受けられること**です。葉っぱは、重ならないように放射状に広がっているので、冬の快晴の日のおだやかな太陽の光を無駄なくいっぱいに、それぞれの葉っぱが受けることができます。その光で、光合成が行われ、栄養をつくりだすことができるのです。

3つ目は、葉っぱがロゼット状態で広がっていると、面積は小さいのですが、**その範囲がその植物の「なわばり」になること**です。他の植物の成長を妨げ、自分たちが他の種類の植物の陰になることはありません。この姿で冬を越せば、春に暖かくなってから発芽をはじめる植物より、早く成長をはじめることができます。冬の寒さに耐え、暖かくなればすぐに背丈を伸ばし、他の種類の植物を自分の陰にして、光が当たりにくくします。ということは、**冬をロゼットの姿で過ごすのは、春の成長に備えて、自分の生育する場所を確保しているという**意味もあります。

4つ目は、芽が地表面近くにあり、**葉っぱは食べられても、芽は食べられない**ことです。冬の自然の中では食べものが不足し、動物は草を食べようとします。葉っぱは食べられることがありますが、芽が残ってさえいれば、また、からだをつくり直すことができます。

ロゼット状態で冬を越すと、主に、このような4つの利点があるのです。

セイタカアワダチソウのロゼット。ロゼットは、植物たちが「生き抜く力」を巧みに隠している姿といえます。寒い冬を自然の中で過ごすという逆境の中で、植物はそつがない生き方をしているのです。
写真：野津貴章

12 他の植物が発芽しないように「毒」をまく ～セイタカアワダチソウ④

セイタカアワダチソウのものすごい繁茂は、10で紹介した5つの理由が合わされば、「なるほど……」と納得できるでしょう。ところが、さらに、セイタカアワダチソウが他の植物の発芽や成長を抑える秘密が暴かれたのです。

セイタカアワダチソウは、「**シス・デヒドロマトリカリア・エステル**」というむずかしい名前の物質をつくって、**自分のまわりにまき散らしていた**のです。その物質は、他の植物のタネを発芽させなかったり、発芽した芽生えを枯らしたり、成長を抑えたりします。

セイタカアワダチソウのまわりに、他の植物が生えないはずでした。そんなはたらきをする物質は、総称して、「**アレロパシー物質**」といわれます。**この物質は、自分たちのなわばりを守るための武器**なのです。セイタカアワダチソウだけでなく、群生する植物の多くがアレロパシー物質を利用します。

私は、子どものころ、セイタカアワダチソウの群落の中に潜り込んだことがあります。背丈が1m以上もあり、茎の下部は枝がなく、まっすぐに伸びており、茎の上部で枝分かれして葉っぱが広がります。

そのため、群落の中の地面には、光があまり差し込みません。それでも、普通、光があまり挿し込まない植物の群落の中でも、背の低い何らかの雑草の芽生えがあるものです。

しかし、セイタカアワダチソウの群落の地面には、気味が悪いほど、何の雑草も生えていませんでした。その記憶があったので、大学生になって、セイタカアワダチソウがアレロパシー物質をだしていることを知ったとき、その謎が解けました。**アレロパシー物質は、他の植物のタネの発芽を抑制する**のです。

代表的なアレロパシー物質

植物	作用物質
セイタカアワダチソウ	シス・デヒドロマトリカリア・エステル
クロクルミ	ジュグロン（ユグロン）
シラン	ミリタリン
マリーゴールド	α-テルチエニル
マドルライラック	クマリン
ナギ	ナギラクトン
スイカ	サリチル酸
モモ	アミグダリン
アスパラガス	アスパラガス酸
エンバク	スコポレチン
オオムギ	グラミン
イネ	モミラクトン
アカマツ	P-クマル酸
ヘアリーベッチ	シアナミド

13 イギリスでは空き地を占領し、道路を破壊 ～イタドリ①

米国で、クズが日本からの帰化植物として、大繁茂していることを、**04**で紹介しました。同じように、イギリスで、日本出身の帰化植物として、「嫌われもの」になっている植物があります。この植物は、**イタドリ**です。

イタドリの葉っぱをもんで、すり傷につけると痛みが取れるといわれ、人はその効果を利用してきました。それが、この植物の和名「イタドリ」の所以です。

イタドリは、日本でも、空き地や野原、土手などで旺盛に繁殖します。イギリスでは、日本からの帰化植物として、「ジャパニーズ・ノットウィード」とよばれます。ジャパニーズは「日本の」という意味であり、ノットは「節」、ウィードは「草」です。イタドリの茎には**節**があるのです。ですから、この名前は、さしずめ、「日本の節くれ立った草」という意味です。

イタドリの花。夏に、多くの小さな白い花を集めて咲かせ、それなりにきれいなものです。江戸時代、長崎の出島（現在の長崎県）にきていたドイツ人の医師シーボルトに、その美しさが気に入られ、彼によって観賞用として、ヨーロッパにもち込まれました。

イタドリはタデ科に属し、原産地は、日本、中国、台湾とされます。

植物には、動物のような牙はありません。ですから、「**牙をむく**」という表現は、植物にふさわしくありません。ところが、イタドリは、観賞用にもち込まれたイギリスであまり大切に扱われなかったのか、野生化して、「牙をむく」ように、旺盛な繁殖力を発揮して繁茂し、空き地を埋め尽くしました。イタドリは、道路の舗装を破って成長し、イギリス政府が手を焼くほど、厄介ものになっているのです。

日本でも、イタドリは旺盛に繁殖しますが、イギリスほどではありません。それは、日本には、「イタドリマダラキジラミ」という**天敵がいる**からです。

2010年、除草の手間や道路の補修に多額の費用が必要で、イギリス政府は、とうとう、イタドリの繁殖力に堪忍袋の緒が切れました。イタドリを退治させるために、イタドリマダラキジラミを日本からイギリスにもち込むことを決めたのです。

繁茂するイタドリ。農道の左右がイタドリに覆われています。すべてイタドリで埋め尽くされるのは時間の問題でしょう。

14 食べられてもむしられても「地下茎」から再生する ～イタドリ②

イタドリが、イギリスで嫌われるほどに大繁茂する秘密は、「**地下茎**(ちかけい)」にあります。地下茎というのは、**地上には姿を見せずに、地中をはうように横に伸びる茎**です。

多くの植物の茎は、上に伸びて地上にでてきますが、地下茎は、地上にはでずに、土の中を根のように横に伸びながら、新しい芽や葉っぱを生みだし、地上部へ生やしてきます。そのため、地下茎を生やすことのできる植物には、**いくつもの利点**が生まれます。主な利点を、紹介しましょう。

1つ目は、**地上部が食べられても、引き抜かれても、除草剤で枯らされても、地下茎は生きていられる**ことです。そのため地下茎は、土の中を横に伸びながら、新しい芽や葉っぱを生みだし、地上部へ生やしてきます。

地上部が引き抜かれても、地下茎まで引き抜かれることはほとんどありません。地下茎をもつ雑草は、たとえ地上部を引き抜かれたとしても、**地下茎からでてきた部分を地下茎から切り離しただけ**なのです。多くの場合、地下茎まで引き抜かれることはないのです。「地上部が引きちぎられる」という表現が正しいかもしれません。

地上部が食べられても、地下茎は生きています。地上部が除草剤で枯らされても、土の中の深くに伸びている地下茎は枯れません。一般的な除草剤は、地下茎のある深さまでは、それを枯らすような濃度で浸透しないからです。

2つ目は、**夏の地面の乾燥にも耐えられる**ことです。夏の暑さで、地面の表面近くの土がカラカラに乾いた場所でも、土の中には水分があります。土の中にある地下茎のおかげで、夏の暑さによる水不足にも強いのです。

3つ目は、**冬の寒さにも耐えられる**ことです。地下茎は土の中で、冬の寒さをしのぎます。といっても、地下茎は、冬の寒さを土の中で耐えるだけではありません。

地下茎を生やす植物が生えている場所を観察していると、春、前の年の秋にはでていなかったところに、新芽がでてきます。ということは、**冬の間に地下茎が伸びている**ということです。冬は、地上部が寒くても、土の中はそれほど寒くないので、そんなことがあっても不思議ではありません。

地下茎で育つ植物の表

地下茎で育つ植物の例
イタドリ
スギナ
ドクダミ
ミント
ヒルガオ
タケ
ササ
ハス
クローバー
ワラビ
ゼンマイ

イタドリの芽。春、思いがけないところからでていることに驚くことがあります。地下茎があるからこそできる術です。

15 根絶されずに生き延びる ～スギナ

前項で紹介したように、地下茎を生やす植物には、生きていく上で大きな利点があります。そのため、「根絶できない」といわれる名立たる雑草の多くは、地下茎を利用しています。

14の表で紹介したようにスギナ、ドクダミ、ミント、ヒルガオ、タケ、ササ、ハスなどが、地下茎を利用している代表的な植物です。ここでは、**スギナ**について、その生き方を紹介します。

スギナは、地下茎で冬の寒さをしのぎます。そして春に、芽がでてきます。スギナはシダ植物であり、本来、湿地帯に育っています。それでも夏、土がカラカラに乾いた場所でも育って

スギナ。スギナの英語名は「ホース・テール」で、「ウマのしっぽ」という意味です。その独特の姿に、昔の人も親しみを感じ、愛嬌のある名前がつけられたのでしょう。

います。地上部の土は乾いていても、地下部には水分がありま す。湿った場所を好むシダ植物でありながら、**土の中にある地下茎のおかげで、夏の暑さによる水不足にも強い**のです。

地上では、細い葉っぱが細かく茂りますが、さほど大きくありません。ですから、抜き取れば除草できるような印象があります。ところが、**根まで抜き取ることはできません**。土の中の地下茎は、長く深く伸びています。その根に支えられて、スギナは地上に生えているのです。

動物に地上部を食べられても、**地下茎を食べ尽くされることはありません**。だから、また芽や葉っぱがでてきます。人間に刈り取られても、土の中を深く長く伸びている地下茎をすべて引き抜かれることはありません。そのため、すぐに芽や葉っぱがでてきます。

スギナの根のイメージ

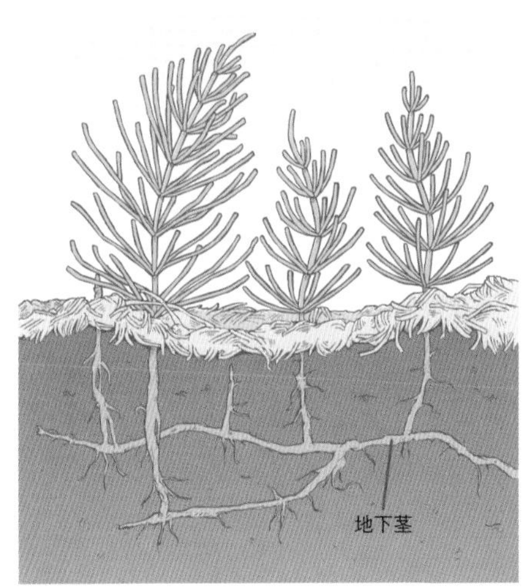

地上のスギナを除草剤で枯らしても、栄養をもった地下茎は土の中深くにいて生き残ります。そのため、スギナは根絶がむずかしい「嫌われもの」として、自然の中を生き延びてきたのです。

16 葉で虫を撃退し、地下茎で生育場所を広げる ～ドクダミ

地下茎が冬の寒さをしのぐ植物たちの生き方であることを教えてくれるのが、**ドクダミ**という植物です。ドクダミ科の植物で、暖かい地方に生育します。冬には、地表の寒さを避けて、土の中に、茎をもぐらせています。

ドクダミは、湿り気のある庭の片隅や、道端で、群生して育ちます。地下に茎があって、横に伸びて広がっています。葉っぱは心臓のような形をしていて、葉っぱのまわりや、葉っぱを支える長い柄は赤みを帯びています。葉っぱを摘み取っても、地下の地下茎は残りますから、根絶させることはむずかしい雑草です。

ドクダミは、地下茎が土の中で、冬の寒さをしのぎます。といっても、ドクダミの地下茎は、冬の寒さを土の中で耐えるだけではありません。ドクダミが生えている場所を観察していると、春になると、前の年の秋にはでていなかったところに、新芽がでてきます。ということは、**冬の間に地下茎が伸びている**ということです。冬は寒くても、土の中はそれほどに寒くないので、そんなことがあっても不思議ではありません。

また、地下茎は、冬の寒さからだけではなく、春から秋まで、土の中に隠れて、からだを守っています。だから、地上部のドクダミを摘み取っても、すぐに芽や葉っぱがでてきます。また、ドクダミには除草剤をかけられることが多く、地上部は枯れてしまいます。しかし、除草剤は、土にしみこむと濃度が薄まります。だから、土の中で栄養を蓄え深くに伸びている地下茎は枯れずに生き延びます。

「地下に隠れて、からだを守る」というのは、植物たちの生き方の1つです。

ドクダミ。地下茎をもつ植物は、低い気温だけでなく、暑さや乾燥もしのげます。地上部が抜かれても、刈られても、食べられても、除草剤で地上部が枯れても大丈夫です。

ドクダミが群生している場所には、ドクダミのほのかな匂いが漂います。葉っぱをもむと、独特の強い匂いがでますが、この特有の匂いの成分は「デカノイルアセトアルデヒド」で、抗菌や殺菌作用をもちます。虫たちが嫌がる匂いです。葉っぱをお茶にしたドクダミ茶は、「動脈硬化の予防効果」「利尿作用」があるといわれます。その主な成分は「クエルシトリン」などです。

17 地下茎で大繁殖するハーブ ～ペパーミント、スペアミント

私たちは、植物のたくましい地下茎を利用して、栽培しているものもあります。しかし、その**たくましさに迷惑**する場合もあります。たとえば、ハーブの**ペパーミント**や**スペアミント**などです。栽培しやすいので、花壇や畑でよく栽培されます。一度植えると、放っておいても翌年には、たくましく芽がでてきます。ところが、2年、3年と経過すると、他の植物を栽培するはずの場所にまで、これらの植物がはびこってきます。その増え方は、雑草のごときです。

この原因は、これらの植物は地下茎で増えるからです。そして、地下茎の先端は伸びていきますから、その生育する範囲が広がっていくのです。地上部の茎を刈り取っても、「トカゲの尻尾切り」のようなもので、地下茎は何ごともなかったかのように成長します。「**ずるい植物**」との印象を受けますが、これが、巧みな**生きる力**なのでしょう。いったん、地下茎がはびこると、地上部から地下茎の伸びを抑えるのはむずかしいのです。

そのため、これらの植物は、鉢植えやプランターで栽培するとよいでしょう。地下茎も、鉢植えやプランターを越えてまで伸びてはいかないからです。

でも、「どうしても花壇や畑の一角に、ペパーミントやスペアミントを育てたい」という場合には、**植木鉢やプランターにタネをまいたり芽生えを植えたりして、その鉢やプランターを花壇や畑に埋め込んでしまう**のです。あるいは、**範囲を決めて、その範囲を囲うように板を立てて埋め込み**ます。ミント類の地下茎は、地面の下をそんなに深くにまでは伸びませんから、

30～40cm くらいの深さまで板を埋めれば大丈夫です。

鉢植えのペパーミント（上）とプランターのスペアミント（右）。植木鉢やプランターに植えて、それを花壇や畑に埋め込んでしまう方法は、ハーブに限らず、地下茎で増える植物を栽培する場合に有効です。ドクダミやワラビ、クローバーなどを、範囲を限定して花壇や畑で育てるときに使われます。

Column ヒルガオも地下部が温存される

ヒルガオという植物があります。道端や野原に育つツル性の植物です。アサガオと同じような形の花を昼に咲かせているので、「ヒルガオ」の名がつけられています。花言葉は「絆(きずな)」です。その理由は、地下茎が土の中をはって、地下で強く結びついているためです。ヒルガオは、地上部を引き抜かれても、すぐに芽や葉っぱがでてきます。

18 覆い尽くして、「なわばり」を守る ～タケ

「覆い尽くすこと」「地下茎を伸ばすこと」という2つの性質を駆使して、繁茂している植物がいます。その代表は、**タケ**です。タケが茂る竹林の中には、枯葉は多くありますが、他の植物は生えていません。竹林の地面は、タケノコのために「草が生えれば抜く」などの世話をされるのも一因ですが、地面には、ほとんど他の植物が育っていません。**光が差し込んでこないことが大きな原因**です。高いところで、タケの葉っぱが茂り、地面には、光合成に使われる光が差し込んでこないからです。

「でも、タケノコは生えてくるではないか」との疑問が浮かびます。しかも、「タケノコの成長は速いではないか」という不思議も続きます。たしかに、タケノコの成長は速いです。私たち

竹林。1つの竹林の竹の背丈は、ほとんど同じです。同じ背丈になって光を受けるようになると、親や兄弟からの栄養に頼らずに、光合成により自分で栄養をつくりだすことができるのです。

が普通に食べるモウソウチクのタケノコは、**1日に119cm**、マダケというタケでは、**1日に121cm**伸びたという記録があります。

でも、**タケノコは自分で光合成をしてつくった栄養で育つのではありません**。だから、光合成のための光が当たっている必要はありません。しかし、タケノコは、太く立派に成長しています。「その栄養は、どこからくるのか？」と不思議に思えます。この答えは、やはり**地下茎**です。地下茎が竹林の土の中に張り巡らされ、それが新しい個体を次々に生みだします。

タケノコは、ぐんぐん伸びるけれども、まわりの竹と同じ高さまで成長すると、伸びるのをやめます。まわりの竹より背丈が高くなれば、栄養を送ってくれた親や年上の兄弟が陰になり、困るからです。**自分に光が当たれば、まわりの竹より高くなる必要はない**ので、伸びるのをやめるのです。

タケノコ。地下茎は親や年上の兄弟とつながっており、栄養が送られてきます。「根でつながっている」と表現することもあります。

19 ブルー・オーシャン戦略で「争奪戦」を回避 ~ヒガンバナ①

多くの植物は、**生育場所**を奪い合う「戦い」を他の植物としています。しかし、競争のない世界をめざすという「**ブルー・オーシャン戦略**」で、その戦いを避けている植物がいます。それは、**ヒガンバナ**です。

ヒガンバナは、秋のお彼岸のころ、全国で真っ赤な花を咲かせます。花が咲いているときには、赤い花が目立ちますが、葉っぱの印象はほとんどありません。多くの植物では、花が咲いているときには、葉っぱがありますが、不思議なことに、**ヒガンバナの花が咲いているとき、葉っぱは存在しない**のです。

多くの植物は、花が咲けばタネができます。タネをつくるための栄養は、葉っぱがつくります。そのために、花が咲く前に葉っぱがでて、光合成で栄養をつくり、そのあと花が咲いて、タネができます。これが、普通の順序です。だから、多くの植物では、花が咲いているときには、葉っぱがあるのです。

花が枯れた後に葉っぱが生えてくる!?

ところが、ヒガンバナでは、花がしおれてしまったあと、細く目立たない姿で、葉っぱが生えてきます。冬になると、野や畑のあぜなどに、細くて長く、少し厚みをもった濃い緑色の葉っぱが、株の中央から何本も伸びでてきて茂ります。

特に特徴のある葉っぱではないので、意識していないと「これが、ヒガンバナの葉っぱだ」とは気づきません。ただ、「これが、ヒガンバナの葉っぱだ」と知ってしまうと、冬には、けっこうあちこちに生えていることに気がつきます。もちろん、葉っぱは、秋に花が咲いていた場所に生えています。

ところが、これらの葉っぱは暖かい春に消えます。冬に茂った葉っぱは、4～5月に、暖かくなって他の植物たちが葉っぱを茂らせるころ、枯れてすっかり姿を消してしまいます。ヒガンバナは、多くの植物が姿を消す冬に葉っぱを茂らせることで、他の植物と**生育場所を奪い合うという競争を避けている**のです。

暖かくなるころ、ヒガンバナは球根に芽を隠す

ヒガンバナは、**球根**をつくる植物です。球根というのは、土の中にある、多くの栄養物を蓄えている球状の塊です。ヒガンバナは、冬から春にかけて、葉っぱで光合成をして、**そのつくられた栄養を球根に蓄え、球根を肥大**させます。

前述したように、春に暖かくなって、多くの植物が繁茂しはじめるころには、ヒガンバナ

ヒガンバナの花（秋）。花が咲いているときに、「葉っぱはどこにあるのか?」と探してみても見当たりません。

の葉っぱは枯れていき、地上部は姿を消します。芽は、地中にある球根の中に姿を隠すのです。ですから、春になっても、他の植物と生育場所を奪い合うという横並びの競争をする必要はありません。

寒い冬に葉っぱを茂らす利点は、生育場所の奪い合いを避けられるだけではありません。

「光」の争奪戦も回避

春から夏には、多くの植物たちが育って葉っぱを茂らせます。そのため、多くの植物は、光合成に必要な太陽の光を得るために、他の植物と**太陽の光の奪い合い**をしなければなりません。

ヒガンバナの場合は、多くの植物たちが冬の寒さの中で枯

ヒガンバナの葉っぱ（冬）。ヒガンバナは、秋にツボミが地上にでて、真赤な花が咲きますが、そのときには葉っぱはありません。葉っぱは花が枯れたあとにでてくるのです。

れている冬に葉っぱを茂らせるので、他の植物の葉っぱと太陽の光を奪い合う必要がありません。ヒガンバナは、冬に、多くの葉っぱを広げ、**他の植物に邪魔されずに、太陽の光をいっぱい浴びることができる**のです。

冬は寒いといっても、昼間の明るい太陽の光を浴びれば、葉っぱは暖まります。また、冬の太陽の光は弱くても、多くの葉っぱで、毎日、他の植物に邪魔されずに、その日差しを受ければ、光合成をして十分な栄養をつくることができます。

だからこそ、私たち人間は、冬の畑でダイコンやハクサイ、キャベツなどを栽培できるのです。ヒガンバナは、**冬の寒さの中で、光合成ができる植物**なのです。このため、ヒガンバナは冬の野や畑のあぜなどを、独占しているようなものです。

ヒガンバナの球根。まだ小さい球根から丸々と太った球根まで、いろいろあります。

20 根の総数約1,380万本、長さ約620km ～ライムギ

身近にある草花は、**単子葉植物**と**双子葉植物**に分けられます。単子葉植物の代表は、イネやムギなどであり、これらは発芽してきたとき、1枚の葉っぱがでてきて、その芽生えは、多くの**ひげ根**を生やします。

「どれくらいの本数の根が張りめぐらされるのか」との疑問がでてくるでしょう。これに答えるように、アイオワ州立大学（米国）のディットマー氏が、ライムギの根の本数を数えています。

彼は、30cm四方、深さ56cmの植木鉢に、1本のライムギを植えて、4カ月間育てたあと、その中にはびこっている根を1本1本ていねいに数えました。

単子葉植物と双子葉植物の根の違い

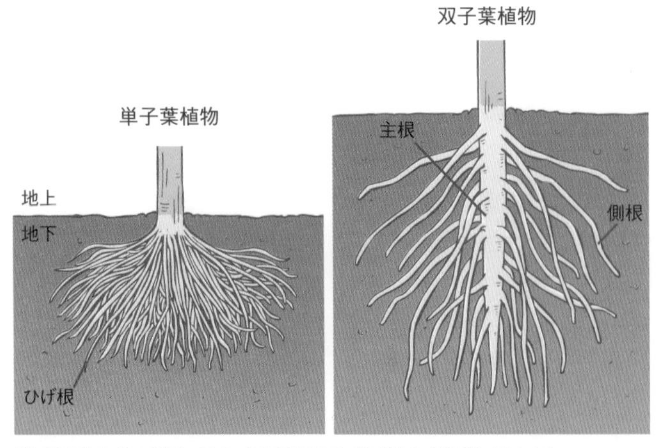

単子葉植物は「ひげ根」であり、双子葉植物は「主根」と「側根」をもちます。

その結果、生えていた根の総数は約1,380万本で、根の長さの総計は、約620kmでした。根の表皮には、水や養分を吸収する毛のような根毛が、総数で約140億本ありました。

双子葉植物は、トマトやアサガオなどです。これらは、発芽してくると、2枚の葉っぱを展開します。その芽生えは、1本の**主根**を伸ばし、その主根から**側根**とよばれる根を生やします。いったい、どれくらいの根が張りめぐらされるのでしょうか？

春、園芸店には、小さなビニール・ポットに入って、高さ20数cmの**トマトの苗**が売られています。買ってきて、植えかえようとポットから根部を取りだすと、白い細い根がいっぱい張りめぐらされています。この中には、数千本の短い根があります。やっぱり根の本数はすごいのです。根の長さを全部合計すると30mを超えます。

ライムギは、ものすごい本数の根を形成します

21 双子葉植物の強靱な「根」は、地中深く伸びる ～タンポポ

前項で紹介したように、単子葉植物の根の本数はすごいのですが、双子葉植物の場合には、ひげ根ではないので、主根が伸びている**深さ**に興味がもたれます。たとえば、「タンポポは、どれくらい深くまで根を張りめぐらすのか？」と疑問に思う人もいるでしょう。

タンポポの地上部の葉っぱはそんなに大きくなく、枚数もそんなに多くありません。そのため、「地上部を束ねてしっかりと握りしめれば、根を全部引き抜くのは簡単だろう」と思われがちです。しかし、それでは、タンポポを根ごと引き抜くことはできません。途中で根が切れたりします。そのため、「なぜ、簡単に引き抜けないのか？」と不思議がられます。

タンポポの根を本気で掘りだそうと試みると、意外と太くて長いことに気づきます。**主根**とよばれる根が、地中深くに伸びているからです。同じ場所で何年間も花を咲かせてきたタンポポでは、根がニンジンのように太く、ゴボウのように長く伸びています。そのため、根を全部引き抜くことは、**むずかしいというより、不可能**なのです。

私は、カキやイチジクを栽培する果樹園で、タンポポの根を掘ったことがあります。「果樹園の土壌は、手入れが行き届いているのでやわらかく、掘りだしやすい」と思ったからです。

ところが、太い根がずっと土壌の深くにまで伸びていました。その果樹園で、何年間も育ってきているタンポポだったのでしょう。1m近く掘りましたが、とても根の先端にたどりつくことはできず、先端の姿を見ることはできませんでした。

タンポポの根のイメージ

タンポポは、発芽して間もない芽生えなら、根ごと引き抜くのは容易です。しかし、葉っぱを展開し、成長して根を生やしたタンポポでは、根を全部引き抜くのは困難です。

22 十数mの背丈に、地下約40mまで伸びる根 ～ユーカリ

樹木の根も「どのくらい深くまで伸びているのか？」という興味は尽きません。**何年間も成長している樹木は、根を横に広げるだけでなく、深くまで伸びています**。

しかし、土を掘りおこして、「根がどこまで伸びているか？」を調べるのは容易ではありません。そのため、「何mの深さにまで伸びている」という実測された値は、あまり目や耳にしません。わざわざ苦労して測定する意味がないのかもしれません。一般的に、「大きな樹木の根は、**数十mの深さ**にまで伸びている」などと推測されています。

2013年、オーストラリアに多く分布し、コアラがその葉っぱを好んで食べることで知られる**ユーカリ**が、「**金を含むユーカリ**」と話題になりました。同時に、この木の根が、地下35～40mの深さにまで伸びていると報道されました。

きっかけは、ユーカリの葉っぱや樹皮に金が見出されることでした。その金は、風などで運ばれてきた金粉が付着したものなのか、この木が生えている土地の深くに金鉱脈があって、根がそこから吸収したものか、が不明だったのです。

そこで、地下35～40mの深さに金を含む鉱脈がある地域で育っているユーカリの葉っぱが、特殊な顕微鏡で詳細に調べられました。その結果、葉っぱに見出された金は、その木の地下にある金鉱脈に存在するものと、同じ金の粒子であることが確認されました。ということは、ユーカリの根が、地下35～40mの深さにまで伸び、金を含む鉱脈から金を吸収し、葉っぱや樹皮の中に蓄積しているということになります。「根は、金鉱

脈に当たると金を吸い上げる」能力をもっているのです。

地下約40mまで伸びていたユーカリの根の模式図

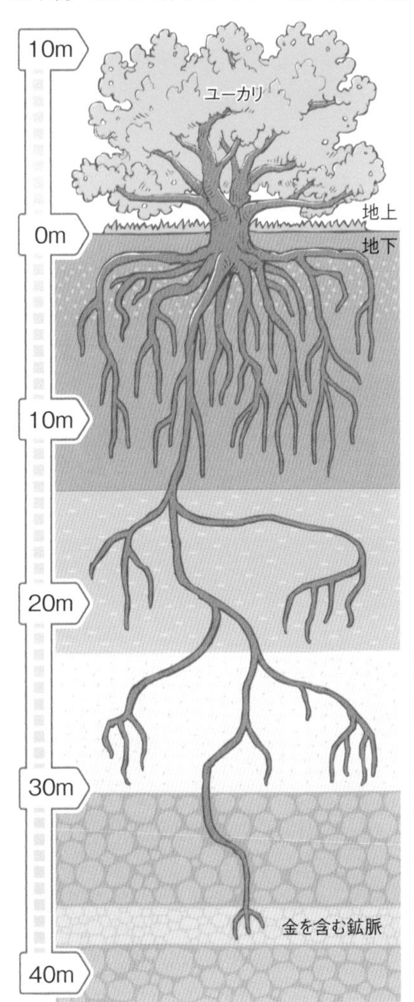

調べられたユーカリの背丈は、十数mでした。つまり、地上部の背丈が十数mのユーカリの根が、地下35～40mの深さにまで伸びていたということです。地下部にものすごく根が伸びて、からだを支え、水や養分を吸収して地上部に送ってくることで、木の幹や葉っぱは生きているのです。

参考：Melvyn Lintern, Ravi Anand, Chris Ryan & David Paterson, Natural gold particles in Eucalyptus leaves and their relevance to exploration for buried gold deposits, Nature Communications volume 4, Article number:2614 (2013)

23 「渇水時」は「ハングリー精神」で、根は伸びる ～シバの根

恵まれない環境から脱出し、はい上がる強い心意気や根性を、「**ハングリー精神**」ということがあります。「植物に精神があるのか？」との疑問はありますが、植物の根は、ハングリー精神があるかのような伸び方をします。

成長する芽生えは、ジメジメした水気の多い場所では、根をあまり発達させません。根を発達させなくても、水が十分に得られるからです。

しかし、水が不足する乾燥した場所だと、植物はハングリー精神を発揮して、根をどんどん発達させます。根には、**水が不足すると、水を求めて伸びるという性質がある**のです。

植物たちのこのハングリー精神は、ゴルフ場の**シバ**の栽培に

散水されるゴルフ場のシバ。植物たちは、水をもらえないとハングリー精神を刺激され、「水が足りない！　なにくそ、がんばって根を伸ばさなければ!」と、水を求めて根を発達させます。

利用されています。「ゴルフ場のシバの根を強く張りめぐらせるには、毎日、水をやってはいけない。4～5日間、水をやらずに乾燥させ、『もう枯れるかな……』と思うころに水を与えるのがよい」といわれます。なぜでしょうか？

これは、**シバのハングリー精神を刺激**するからです。ゴルフ場のシバに2～3日間水を与えなければ、シバはハングリー精神を刺激されます。水をもらえないシバは、水が欲しくて水を探し求め、一生懸命に根を伸ばします。

4～5日目にシバが疲れ果て、枯れそうになったころに、水を与えます。水をもらったシバは、元気を取り戻します。そうしたら、また水を与えないようにします。これを繰り返せば、シバは、たくさんの強い根を、精いっぱい生やします。

根のハングリー精神

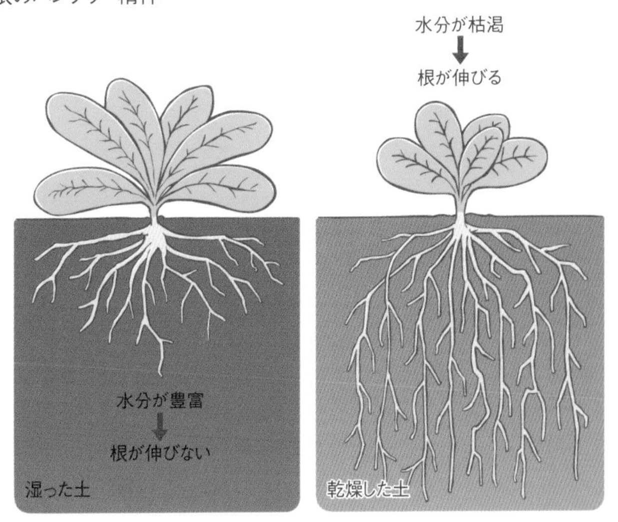

水が不足すればするほど、根はハングリー精神を発揮して、水を求めて伸びていきます。

24 貪欲に水を求める「水分屈性」を宇宙空間で発揮 ~シロイヌナズナ

タネが発芽すると、根は必ず**下に向かって**伸びます。これは、芽が光に向かって伸びる「光屈性(ひかりくっせい)」という性質に対して、光を避ける方向に伸びるので、「**負の光屈性**」とよばれます。根が下に向かって伸びる理由の1つは、「負の光屈性」という性質によるものです。しかし、光のない真っ暗な中でも根は下へ伸びます。ですから、根が下へ伸びるのは、「負の光屈性」という性質によるだけではありません。

根には「**重力を感じ、その方向に伸びる**」という性質があります。たとえば、光のない真っ暗な中でも、発芽した芽生えを土中から抜き取り、水平に横たえておくと、根の先端はやがて下向きに曲がり、下に向かって伸びだします。

これは、根の重力に対する反応なので、「**重力屈性**」とよばれます。ですから、根が下に向かって伸びる理由の1つは、「重力屈性」という性質によるものです。

近年は、水分を求めて下に伸びる「**水分屈性**」という性質も関与していることがはっきりと認められています。その根拠は、主に、3つに整理できます。

1つ目は、**根が水のある方向に向かって伸びる現象**です。これは、多くの人になんとなく感じられてきたものです。たとえば、土の中の配水管などの割れ目から水が漏れていると、割れ目に向かって多くの根が伸びる現象が観察されています。

2つ目は、突然変異で**重力を感じなくなったシロイヌナズナという植物が生まれた**ことです。この植物の根は、重力を感じることはありません。しかし、その根は、土の中深くに多くある水を求めて下に伸びるのです。

3つ目は、宇宙ステーションでの実験です。重力のない宇宙ステーションの中で、シロイヌナズナをはじめ、レタスやヒャクニチソウなどのタネは発芽し、根は下に伸びたのです。このとき、発芽した芽生えの下には、**水を含んだロックウール**が置かれていました。ロックウールというのは、岩石を加工して、水を含むことができるようにしたものです。根は、無重力の中に置かれた水を含んだロックウールの中に、水を求めて伸びたのです。地球上では、重力があるために見えにくい「水分屈性」という性質が、無重力の宇宙で、はっきりと示されたのです。

屈性の代表例

刺激	性質	例	
重力	重力屈性	根（正）、茎（負）	
光	光屈性	根（負）、茎（正）	
接触	接触屈性	巻きひげ（正）	
水	水分屈性	根（正）	

出典：田中 修／著『植物の生きる「しくみ」にまつわる66題』（サイエンス・アイ新書）

第2章

厳しい気候から

「植物は動きまわることができない」といわれますが、もし植物たちが話せれば、「自分たちは、動きまわることができないのではなく、動きまわる必要がないのだ」というはずです。

これは、動きまわることができない植物たちの「負け惜しみ」のように思われるかもしれません。しかし、その意味は、動物が動きまわる理由を考えれば、よくわかります。

動物が動きまわる理由としてまずあげられるのは、「**食べものを探すため**」です。でも、植物たちは、光合成によって自分で食べものをつくるので、食べものを探す必要がありません。

動物が動きまわる2つ目の理由は、「**子どもをつくる相手を探すため**」です。でも、植物たちは、動き回らず、色や香り、蜜で、花粉を運ぶ虫を花に誘い、子孫であるタネをつくること

からだを守る戦い

ができます。

動物が動きまわる3つ目の理由は、「**からだを守るため**」です。これには、いろいろな局面があります。たとえば、植物たちは、動きまわることなく、紫外線からからだを守り、暑さや寒さをしのがなければなりません。そのために、植物たちは、どのような仕組みをもち、どのような工夫を凝らしているのでしょうか?

本章では、植物たちの「**からだを守るための仕組みや工夫**」を紹介します。これらを考えると、動きまわらずに、生存競争に打ち勝って生きている植物たちが秘めた「力」が浮かびあがり、それらに支えられた「知恵と工夫に満ちた植物たちの生き方」が見えてくるはずです。

25 陸上に上がった植物の祖先に課せられた「試練」～紫外線

30数億年前に、太陽の光を利用して**光合成**をする植物の祖先が海に生まれました。それから、約30億年間、植物の祖先たちは、海の中で暮らしながら、陸に降り注ぐまぶしく明るい太陽の光を、眺めていました。

海の中では、海水に妨げられて、陸上のように強い光は当たりません。そのため、海の中で、植物の祖先たちは、明るく輝く太陽を見て、陸上に降り注ぐ多くの光をうらめしく思っていたでしょう。もし、陸上へ上がれたら、「太陽の強い光を浴びて、多くの光合成をする」ことを望んでいたはずです。

光合成がたくさんできれば、その産物を利用して、旺盛に成長し、繁殖力も大きくなり、多くの子孫を残すことができ、種族として繁栄できます。だから、植物の祖先たちは、陸に上がり、豊富な太陽の光を利用する生活にあこがれたでしょう。

そして、今から約4～5億年前に、とうとう植物の祖先たちは、海から上陸しました。太陽にあこがれ、種族の繁栄を願う、希望に満ちた上陸でした。

ところが、陸上での生活をはじめると、植物たちは、あこがれていた太陽がやさしくなかったことに気がついたのです。**まぶしく明るい太陽の光は、上陸した植物たちにとって強すぎた**のです。また、海の中では気づかなかったのですが、太陽の光には、光合成に役に立つ光以外に、**有害な紫外線**が多く含まれていました。海の中では、**水が紫外線を吸収してくれていた**のです。

現在、私たちは、紫外線が有害であり、シミやシワ、白内障

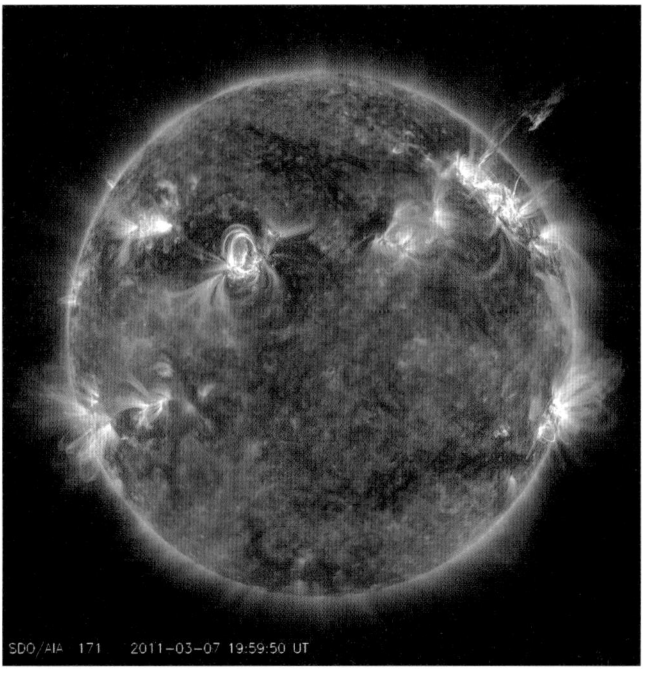

太陽観測衛星「ソーラー・ダイナミクス・オブザーバトリー（SDO）」で撮影された太陽です。地球では、植物の祖先が30億年以上をかけて酸素をつくり、約6億年前に現在とあまり変わらないようなオゾン層ができたといわれています。　写真：SDO/NASA

海の中に暮らす海藻。海の中で暮らしていると、陸上と比べて太陽の光は弱いが、海水が紫外線を弱めてくれたり、水の流れに身を任せていればいいので、強い茎が必要なかったりなどのメリットがありました。

の原因になることを知っています。もっとひどい場合には、皮膚ガンをひきおこすこともあります。

植物にも動物にも有害な「活性酸素」

植物たちは、太陽の紫外線がガンガンと降りそそぐ中で暮らしています。特に夏には、灼熱の炎天のもとで、植物たちは強い紫外線に当たっています。そんな中で、植物たちは日焼けもせずにすくすく成長し、美しくきれいな花を咲かせ、実やタネをつくります。

そんな植物たちの姿を見ていると、「紫外線は、人間には有害だけれども、植物たちにはやさしいのではないか」と、ついつ

紫外線とは?

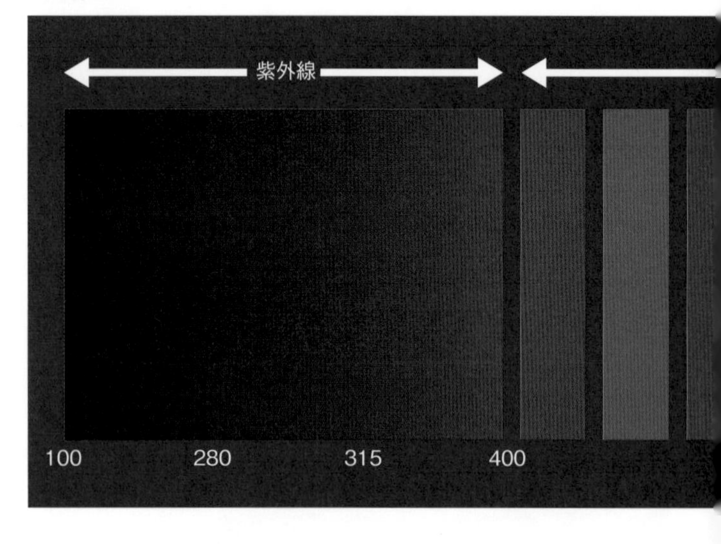

い思ってしまいます。しかし、それは私たち人間のひがみです。**紫外線は、私たち人間にも植物たちにも、同じように有害**なのです。

では、「なぜ、紫外線は有害なのか？」と考えてください。紫外線は、植物であろうと人間であろうと、からだに当たると、「**活性酸素**」という物質を発生させるのです。この「活性酸素」という言葉から、どんなものが想像されるでしょうか？

活性酸素は、「老化を急速に進める」「生活習慣病、老化、ガンの引き金になる」「病気全体の90％の原因である」などといわれます。活性酸素は、からだの老化を促し、多くの病気の原因となる、きわめて有毒な物質なのです。

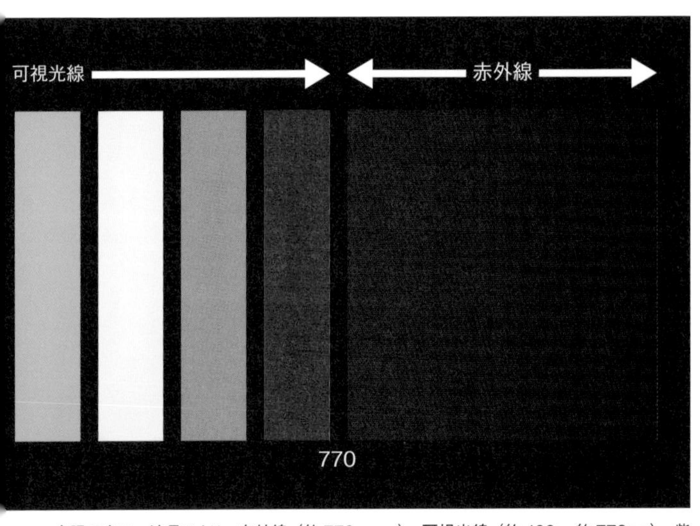

太陽の光は、波長により、赤外線（約770nm～）、可視光線（約400～約770nm）、紫外線（約100～約400nm）に分けられます。可視光線よりも波長が短いものが紫外線（UV: Ultra Violet）です。

参考：気象庁ウェブサイト

26 生き物に有害な「活性酸素」の代表は2つ ～スーパーオキシド、過酸化水素

活性酸素は、多くの病気の原因となり、からだの老化を促します。そんな有害な活性酸素の代表は、**スーパーオキシド**と**過酸化水素**とよばれる物質です。2つとも、その姿を、直接、目で見ることはできません。しかし、それらの有毒な性質を目にすることはできます。

スーパーオキシド

「**パラコート**」という、強力な**除草剤**があります。かなり濃度の薄い液であっても、植物の葉っぱに噴霧すれば、植物は枯れます。このパラコートの「植物を枯らす」という強力な効果は、**パラコートがスーパーオキシドという活性酸素を発生させるから**です。ですから、植物を枯らすのは、スーパーオキシドという活性酸素の毒性なのです。

パラコートは、植物だけでなく、人間にも有害です。ごく微量でも飲んでしまえば、呼吸困難に陥り、命は失われます。そのため、この農薬は殺人や自殺に使われることがあり、過去に何度か、その名がマスコミに登場しています。

過酸化水素

スーパーオキシドとともに代表的な活性酸素が、**過酸化水素**です。「**オキシドール(商品名ではオキシフルとも)**」という消毒液があります。けがをしたとき、傷口にこの液をかけると、傷口の細菌は死に、傷口が消毒されます。オキシドールには、過酸化水素がわずか3%含まれています。オキシドールの殺菌力

は、活性酸素である過酸化水素のはたらきなのです。

このように、活性酸素は、植物たちを枯らし、細菌を殺します。植物や細菌だけでなく、人間の命を絶つ毒性もあります。活性酸素の姿を、直接見ることはできないのですが、ひどく有害な物質であることはよくわかります。

私たちのからだに活性酸素は生まれる

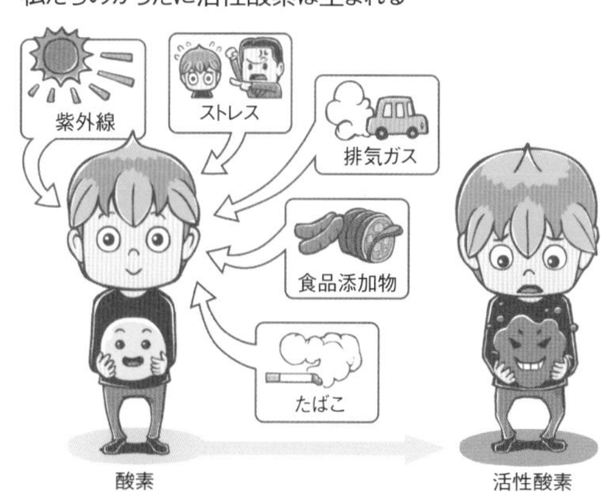

私たち人間には、紫外線が当たるだけではなくて、激しい呼吸をしたり、日々のくらしのストレスにより、からだの中に活性酸素が発生します。ですから、植物たちと同じように活性酸素の害に悩んでいるのです。

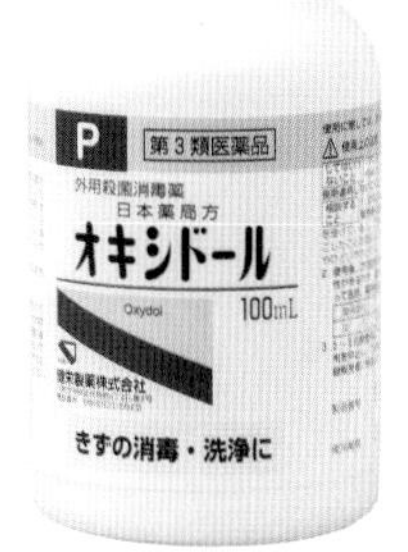

オキシドール。わずか3%に薄められた状態の液でも、細菌を殺す毒性があるのです。

27 活性酸素の害を消す「抗酸化物質」 ～ビタミンC、ビタミンE

紫外線がからだに当たれば、有害な活性酸素がからだに発生します。ですから、自然の中で、植物たちが紫外線に当たりながら生きていくためには、**からだの中で発生する「活性酸素」を消去**しなければなりません。そのためには、活性酸素の害を消すものが必要です。それが、「**抗酸化物質**」とよばれるものです。

抗酸化物質の代表は、**ビタミンCとビタミンE**です。私たちは、ビタミンCやビタミンEを栄養として摂取する大切さをよく知っています。そして、それらが植物たちのからだに含まれていることを認識しています。だから、それらを含んだ野菜や果物を積極的に食べます。ビタミンCは、イチゴ、レモン、カキなどに多く含まれています。ビタミンEは、ラッカセイ、カボチャ、モロヘイヤなどに多く含まれています。これら以外の多くの植物たちも、ビタミンCやビタミンEを多かれ少なかれもっています。

しかし、私たちは「なぜ、植物たちのからだの中に、ビタミンCやビタミンEが含まれているのか？」と考えることは、あまりありません。植物たちにとって、これらの物質は、**紫外線に当たると発生する活性酸素の害を防ぐために必要**なのです。だから、植物たちは、自分のからだに当たる紫外線の害を消すために、これらのビタミンをつくるのです。

植物がからだを守る「防具」を人も利用している

では、「活性酸素対策のためだけに、これらの物質をつくっているのか？」と問われると、「そのためだけです」というわけではありません。**ビタミンCやビタミンEは、植物が円滑に成長していくためのさまざまな役割を担って、からだの中ではたらいています。**そんなはたらきの中で、「活性酸素を消し去る」というのは、植物たちが紫外線からからだを守るために、とりわけ大切なものなのです。

植物の命は、私たち人間の命と比べると、取るに足らぬ小さなものと思われがちです。しかし、私たちと同じ仕組みで生きています。同じ「悩み」ももっています。そして、その「悩み」を解消するために、毎日、がんばっています。

植物たちが、自分のからだを守るためにつくる物質を、私たち人間は利用させてもらっているのです。植物たちと私たち人間は、同じ生き物です。それぞれに特徴はあっても、同じ仕組みで生きています。植物たちと私たちの命はつながっています。同じ「悩み」をもち、その「悩み」を克服しようと、私たちも植物たちもがんばって生きているのです。

28 花の「色素」は「子孫繁栄」に不可欠 ～美しい花

自然の中で、生存競争に打ち勝って命をつないでいくために植物たちは、自分のからだを守るだけでなく、子孫を紫外線の害から守る仕組みを身につけなければなりません。

その仕組みは、花々の美しくきれいな色に潜んでいます。花が美しくきれいな色をしている理由の1つは、ハチやチョウなどに、「花が咲いているよ」と知ってもらうために、目立ちたいからです。目立つ色でハチやチョウなどを誘い、寄ってきてもらって、花粉を運んでもらい、子孫であるタネをつくるためです。

しかし、花々が美しくきれいに装う大切な理由がもう1つあります。それが、**植物たちの子孫を紫外線から守る紫外線対策**なのです。植物たちは太陽の紫外線が降り注ぐ中で成長し、花は子孫をつくります。有害な紫外線が当たる中で、花は健全な子孫をつくらねばなりません。紫外線は、生まれてくる植物の子どもたちにも有害です。

そのため、花は、紫外線が当たって生みだされる有害な活性

赤いバラや青いアサガオなどは、抗酸化物質の「アントシアニン」を含んでいます。

酸素を消去しなければなりません。次の世代に健全な命をつなぐために、生まれてくるタネを守るためには、活性酸素を消し去る抗酸化物質が大量に必要です。

逆境に抗ったら美しくなった

ビタミンCやビタミンE以外に、植物がつくる抗酸化物質があります。その1つは、**アントシアニン**です。これは、**ポリフェノール**という物質の一種で、花びらの色をだすもと(素)になるので、「**色素**」とよばれます。アントシアニンは、花びらを美しくきれいに装う色素であり、赤い色や青い色の花に含まれます。バラ、アサガオ、シクラメン、サツキツツジなどの赤い花や、キキョウ、リンドウ、パンジーの青い花などです。

黄色や橙色の花には、**カロテノイド**という抗酸化物質が含まれます。この色素は、赤や橙、黄色の色素で、鮮やかさが特徴です。キクやマリーゴールドなどの黄色の花に含まれています。植物たちは、これらの色素で花を装い、花の中で生まれてくる子どもを守るのです。そのため、紫外線が多く当たるという逆境の中では、活性酸素を消去するために、花びらに多くの色素がつくられ、花々は、美しく魅力的になるのです。

黄色のマリーゴールドなどは、抗酸化物質「カロテノイド」を含んでいます。

29 「夜の長さ」を計って「暑さ」「寒さ」に備える
～「暑さ」「寒さ」に弱い植物の生存戦略

植物にとって、毎年耐えねばならない「不都合な環境」とは何でしょうか？　暑さに弱い植物にとっては**夏の暑さ**です。寒さに弱い植物にとっては**冬の寒さ**です。ですから、植物たちは、暑さと寒さに打ち勝たねばなりません。そこで、暑さに弱い植物も、寒さに弱い植物も、巧妙な姿で、暑さと寒さを耐えしのぎます。それは、**タネの姿になる**ことです。

夏の暑さに弱い植物は、夏の暑い期間をタネで過ごします。タネなら、暑さに耐えられるからです。だから、春に花を咲かせ、タネをつくります。暑さに弱い植物が多くいますから、春に花咲く植物が多いのです。冬の寒さに弱い植物は、夏から秋に花が咲き、タネの姿で冬の寒さを耐え忍びます。

ということは、夏の暑さに弱い植物たちは、**春の間に、もうすぐ暑くなることを知って花を咲かせ**、冬の寒さに弱い植物たちは、**秋の間に、もうすぐ寒くなることを知って花を咲かせている**ことになります。

植物たちは、どうして、暑さや寒さの訪れを前もって知ることができるのでしょうか。その答えは「**葉っぱが夜の長さを計るから**」です。でも、なぜ夜の長さを計ったら、暑さや寒さの訪れが前もってわかるのでしょうか？

春に花を咲かせる植物について考えましょう。12月下旬の冬至（とうじ）の日を過ぎると、夜がだんだんと短くなります。最も短い夜は夏至（げし）の日で6月下旬です。それに対し、最も暑くなるのは8月です。植物は夜の長さを計ることによって、**暑さの訪れを約2カ月前もって知り準備する**ことができるのです。

秋に花を咲かせる植物について考えましょう。6月下旬の夏至の日を過ぎると、夜がだんだんと長くなります。最も長い夜は、冬至の日で12月下旬です。それに対し、最も寒くなるのは2月です。ですから、植物は夜の長さを計ることによって、**寒さの訪れを約2カ月前もって知り準備する**のです。

このように植物たちは、夜の長さを計ることによって、暑さ、寒さの訪れを前もって知り、花を咲かせてタネをつくり、暑さ、寒さを耐え忍んで生きているのです。

葉っぱが夜の長さを計ることを確認する実験

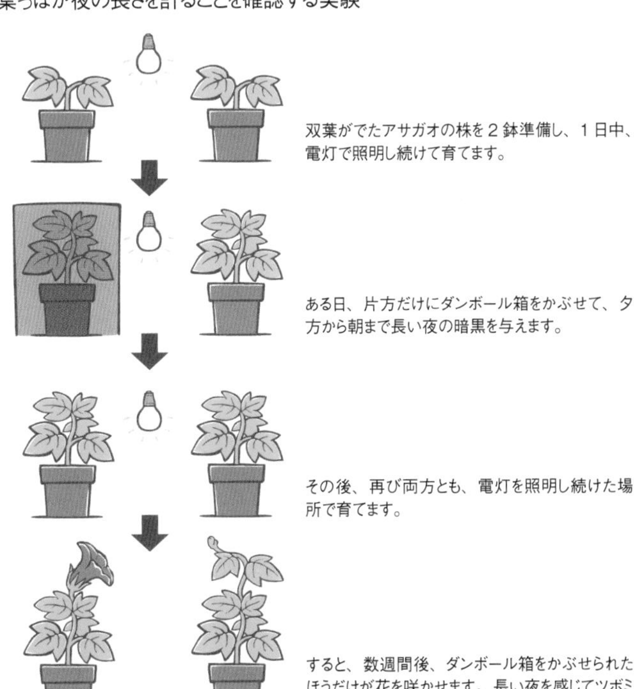

双葉がでたアサガオの株を２鉢準備し、１日中、電灯で照明し続けて育てます。

ある日、片方だけにダンボール箱をかぶせて、夕方から朝まで長い夜の暗黒を与えます。

その後、再び両方とも、電灯を照明し続けた場所で育てます。

すると、数週間後、ダンボール箱をかぶせられたほうだけが花を咲かせます。長い夜を感じてツボミをつくり、花を咲かせるのです。

30 夏の暑さと戦う植物の「武器」とは?
〜暑さに強い植物①

夏の暑さの中で、タネではなく、緑に輝く姿で繁茂している植物たちは多くいます。これらの植物たちは、どのように夏の暑さに耐えるのでしょうか？

近年、夏の猛暑がすごいです。そのために、毎年、多くの人が**熱中症**になります。「人間以外の動物は熱中症にかからないのか？」との疑問もあるでしょうが、ペットのイヌやネコは、飼い主に守られているので、そんなに長時間、太陽の強い光に当たることは少ないでしょう。

「植物たちは熱中症にかからないのか？」とも心配されます。自然の中で育つ植物たちも、太陽の強い光と暑さの影響を受けます。「熱中症」という病名が適切かどうかはわかりませんが、猛暑のために、からだが弱ることはあるでしょう。

でも、私たちが心配しなければならないほど、夏に繁茂する植物たちは、猛暑に困りません。なぜなら、**猛暑に困る植物たちは、前項で紹介したように、夏の暑さがくる前の春に花を咲かせ、暑さに耐えられるタネをつくって、すでに枯れているから**です。

一方、**夏の猛暑の中で繁茂している植物たちの多くは、暑い地方の出身**です。たとえば、アサガオやケイトウの原産地は、熱帯アジアです。オシロイバナは熱帯アメリカ、ニチニチソウは西インドが、それぞれ原産地です。ホウセンカの原産地は、東南アジアです。花木類では、キョウチクトウの原産地はインドです。サルスベリやムクゲは中国南部の暑い地方、ハイビスカスは熱帯の暖地がそれぞれ原産地です。野菜では、スイカはアフリカ中部、キュウリはインド、ゴーヤやヘチマは熱帯アジア、オクラはアフリカ、ナスはインドがそれぞれ原産地です。

このように、夏の猛暑の中で繁茂している植物たちの祖先が生まれ育った故郷は、「熱帯」と名のつく土地や、インドやアフリカなど、いかにも暑そうな地域なのです。ですから、夏に繁茂している植物たちは、暑さに強く、猛暑だからといって、私たちが心配しなければならないほど困っていません。

しかし、そのためには、**暑さと戦うための仕組み**をもっていなければなりません。どんな仕組みを武器として備えているのでしょうか。**次項**で紹介します。

夏によく見られる植物

夏に栽培される野菜（原産地別）

●熱帯アジア：
キュウリ、ヘチマ、ゴーヤー、トウガン、ナス、シソ
●中国東北部・東南アジア：ダイズ
●アフリカ：オクラ、スイカ、モロヘイヤ
●中南米（中央アメリカと南アメリカ）：
トマト、パプリカ、ピーマン、シシトウ、トウガラシ、サツマイモ、トウモロコシ、カボチャ、ズッキーニ、インゲンマメ

いろいろな夏野菜

夏に花が咲く草花や木（原産地別）

●熱帯の暖地：ハイビスカス
●インド：キョウチクトウ
●中国南部：サルスベリ、ムクゲ
●東南アジア：ホウセンカ
●東アジアの暖地：フヨウ
●熱帯アジア：アサガオ、ケイトウ
●メキシコ：コスモス
●熱帯アメリカ：オシロイバナ

ハイビスカス

ホウセンカ

31 からだの温度を「蒸散」で下げて、暑さをしのぐ ～暑さに強い植物②

夏に繁茂している植物たちは暑い地方の出身であるため、夏の暑さに強いことを、前項で紹介しました。しかし、暑い地方の出身だからといっても、夏に繁茂するためには、**暑さに耐える仕組みが必要**です。

昼間、太陽の光が強いとき、植物は光合成に使う光を吸収するために葉っぱを広げています。そのため、葉っぱは強い日差しをまともに受け、かなりの熱を吸収して直接温められ、葉っぱの温度（葉温）はかなり高くなるはずです。しかし、熱くなりすぎてしまっては、葉っぱは生きていけません。

葉っぱでは、デンプンをつくる光合成を進めるために、多くの**酵素**とよばれる物質がはたらいています。これらの酵素は、温度が高くなりすぎると、はたらかなくなります。すると、葉っぱは光合成をすることができません。そのため、葉っぱの温度が異常に高くなりそうな場合、葉っぱは必死に、温度が上がらないように抵抗します。

その方法は、**汗をかくこと**です。葉っぱの表面にある小さな**気孔**とよばれる穴から、水を盛んに蒸発させるのです。水が蒸発するときには、葉っぱから熱を奪っていくので、葉っぱの温度が下がります。

これらの植物たちは、自分のからだを冷やす能力をもっているのです。太陽の強い光を受けている葉っぱは、水を蒸発させる**蒸散**という作用で、からだの温度を冷やすのです。

そのため、夏の昼間、植物は多くの水を使います。「植物は、水の浪費家」といわれることがあります。たしかに、植物は蒸

蒸散の仕組み

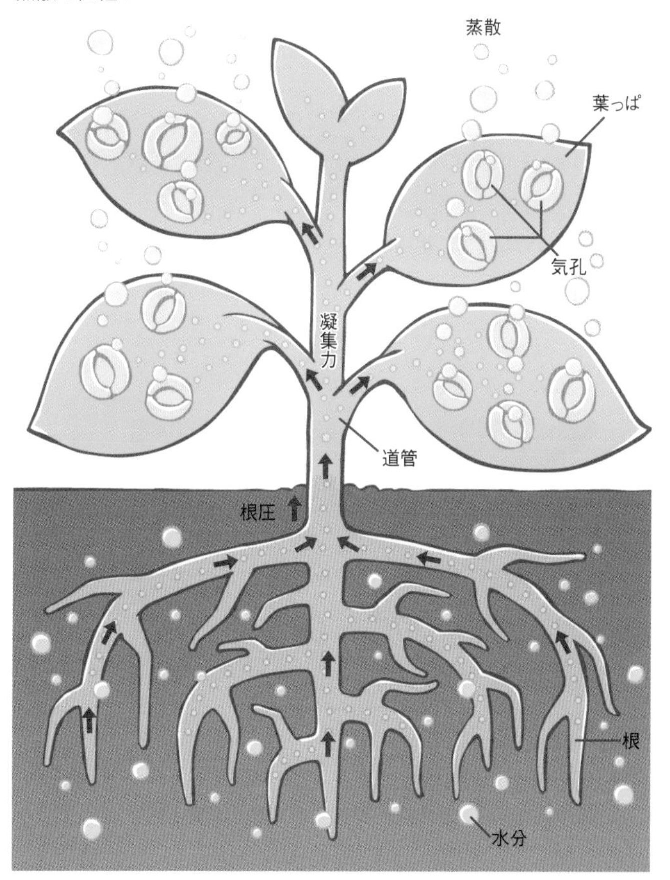

葉っぱは、蒸散によって、水を気孔から空気中に放出します。蒸散する水は、根から幹や茎の道管を通って葉っぱに運ばれます。道管には、水が切れ目なく満ちており、水同士は「凝集力」という強い力で結びつき、つながっているのです。道管の下は根につながっており、上は葉っぱの気孔につながっています。そのため、水が葉っぱから蒸散で空気中にでていくと、でていく水に引っ張られて、下の水は上のほうに引き上げられます。これが、葉っぱから蒸散で水が放出される仕組みです。

散により多くの水を消費しますが、決して、浪費しているのではありません。昼間の葉温を調節するために、多量の水を放出しなければならないのです。

植物が消費する水の量は、植物を乾燥させたときの重さ（乾燥重量）が1g増える間に使われる水の量で表すと決められています。この量は、**要水量**といわれます。

多くの植物では、成長して乾燥重量を1g増加させる間に、500～800gの水を消費します。この場合、要水量は「g」という単位を省き、「500～800」と表示されます。

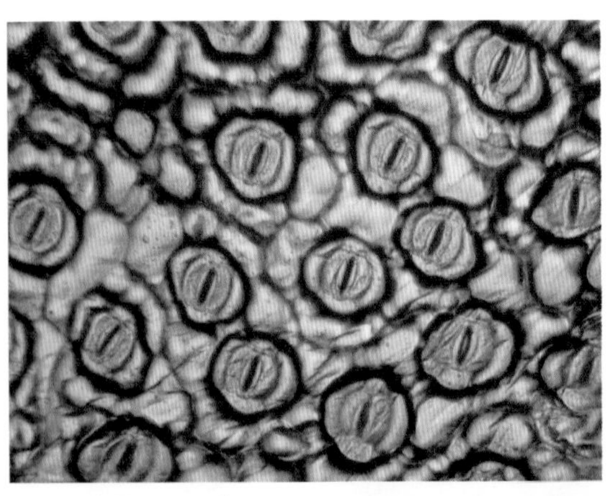

ツユクサの気孔。ここから盛んに水を蒸発させます。人間が汗腺から汗をかいて、体温の異常な高まりを抑えるのと同じです。

ツユクサ（露草）。6～9月に青い花をつけます。

32 春に花咲く花木は「越冬芽」で寒さをしのぐ ～ウメ、サクラ、モクレン、ハナミズキ

「冬の寒さに弱い植物は、冬の寒い期間をタネで過ごす」と、29で紹介しました。しかし、タネにならずに、冬の寒さを過ごす植物たちがいます。ウメやサクラ、モクレンやハナミズキなど、春に花を咲かせる多くの花木類です。これらは、**越冬芽(冬芽)**といわれる硬い芽で、冬の寒さを過ごします。

これらのツボミは、花の咲く前の年の、夏から秋までにつくられます。ツボミが夏にできるのなら、秋に花が咲いても不思議ではありません。キクやコスモスは、夏の終わり、あるいは、初秋にツボミをつくり、秋に花を咲かせます。そのため、春に花を咲かせる樹木では、「夏にできたツボミが、秋に咲かず、どうして春まで咲かないのか？」と不思議に思われます。

もしかすると、「秋は涼しく、春は暖かいからでは？」と思う人がいるかもしれません。確かに、春は秋より暖かい気がしますが、**春の温度と秋の温度は、ほとんど同じ**です。夏が暑いから、それに続く秋は涼しく感じ、冬が寒いから、それに続く春は暖かく感じるだけです。

タネをつくるのに時間がかかる樹木は秋に花を咲かせない

では、「もし、夏にできたツボミが成長して秋に花が咲いたとしたら、どうなるだろうか」と考えてみてください。

キクやコスモスは、秋に花を咲かせても、冬の寒さがくるまでに、タネをつくります。タネがつくられるまでの期間が短いので、秋の間にタネをつくり、冬の寒さがやってくるまでにタネを残せます。だから、子孫を残すことができるのです。

サクラの越冬芽。冬の寒さからツボミを春まで守ります。

モクレンの越冬芽。

ハナミズキの越冬芽。

しかし、春に花を咲かせる樹木は、タネをつくるのに時間がかかります。そのため、秋に花を咲かせると、やがてやってくる冬の寒さのためにタネはできず、子孫を残せません。

もしそうなら、種族は滅んでしまいます。そうならないために、**春に花を咲かせる樹木は、秋の間に、夏にできたツボミを冬の寒さをしのぐための「越冬芽」に包み込む**のです。

ツボミを包み込む越冬芽は、冬の寒さをしのぐためのものですから、**寒さがきてからつくられるのでは遅い**のです。また、温度が低くなり、寒くなってから急いで越冬芽をつくることができるほど、樹木の反応は俊敏ではありません。

そのため、冬の寒さが訪れる前に越冬芽をつくらねばなりません。ということは、**樹木は、実際に寒くなるまでに、冬の寒さが訪れることを知る能力**をもっていなければなりません。

「樹木は、どうして、冬の寒さが訪れることを、寒くなる前に知ることができるのか」は、**次項**で考えましょう。

33 葉っぱが「夜の長さを計測」して越冬芽をつくる ～ウメ、サクラ、モクレン、ハナミズキ

春と秋に花を咲かせる植物たちが、夜の長さを計ることで、夏や冬の訪れを前もって知ることは、**29**で、すでに紹介しました。**秋に越冬芽をつくる樹木でも、葉っぱが夜の長さを計って、冬の寒さの訪れを前もって知る**のです。

季節により、夜の長さがかなり大きく変化することは、19時でもまだ明るい初夏に比べ、17時ごろには真っ暗になる冬を思い浮かべると理解できます。私の住んでいる京都では、日の入りから日の出までの夜の長さが、夏至のころはおよそ9時

越冬芽をつくる仕組み

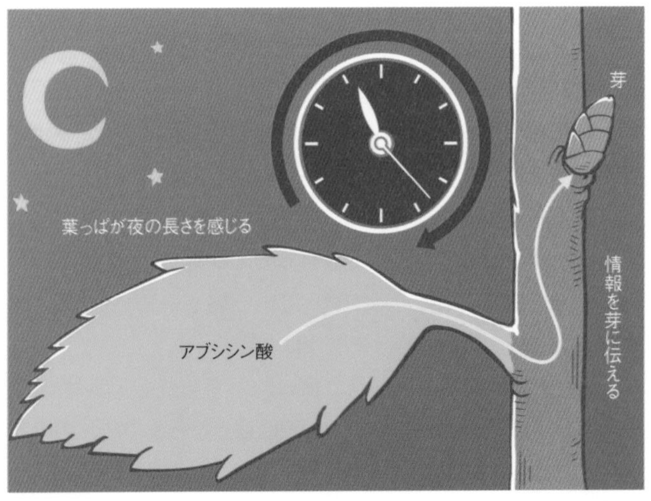

秋にだんだんと長くなる夜を、葉っぱが感じます。夜の長さに応じて、葉っぱが「アブシシン酸」という物質をつくり、芽に送ります。芽にその量が増えると、ツボミを包み込んだ越冬芽がつくられます。

間30分であるのに対し、冬至のころは約14時間10分です。その差は約4時間40分もあり、**想像以上に大きな変化**です。

では、葉っぱが夜の長さを計れば、冬の寒さの訪れを前もって知ることができるでしょうか？　この疑問に対する答えは、「できる」です。夜の長さは、夏至の日を過ぎると、だんだん長くなります。夜の長さが最も冬らしく長くなるのは冬至です。この日は、12月の下旬です。それに対し、冬の寒さが最も厳しいのは2月ごろです。夜の長さの変化は、寒さの訪れより、約2カ月先行しています。そのため、葉っぱが長くなる夜を感じると、冬の寒さの訪れを約2カ月先取りして知ることができます。**この差を利用して、越冬芽をつくる**のです。

なぜ、まれにサクラが秋に咲くことがあるのか？

越冬芽は「芽」でつくられます。とすれば、「葉っぱ」で長くなる夜を感じて冬の訪れを予知したという知らせは、「芽」に送られねばなりません。植物は、動物の神経のような刺激の伝達手段をもっていません。そこで、夜の長さに呼応して、葉っぱが**アブシシン酸**という物質をつくり、芽に送ります。芽にその量が増えると、ツボミを包み込んだ越冬芽ができるのです。

だから、**葉っぱがないと、ツボミを包み込んだ芽は越冬芽になれません**。春に花咲くサクラの木が、ときどき、秋に花を咲かせて珍しがられたり、不思議がられたりします。そのようなサクラの木は、夏の間に毛虫に葉っぱをほとんど食べられていたり、何かの理由で葉っぱが枯れたりして、**秋に葉っぱがない**のです。そのため、ツボミは越冬芽に包み込まれず、**秋の暖かさで花が咲いてしまう**のです。

34 葉っぱの「糖分」を増やして凍結を防ぐ
～モミ、マツ、ツバキ、サザンカ、キンモクセイ

秋になると、多くの樹木の葉っぱは、枯れ落ちます。ところが、冬の寒さの中で、緑に輝き続ける樹木があります。モミやマツ、ツバキやサザンカ、キンモクセイなどです。これらは**常緑樹**といわれます。

昔から、これらの植物は、「冬の寒さの中で、どうして、緑

の葉っぱのままで過ごせるのか？」と、不思議がられて、冬の寒さに出会っても枯れない緑のままの樹木は、「**永遠の命**」の象徴として、あがめられてきました。

しかし、近年は、常緑樹が身近に多くあって見慣れているためか、「冬の寒さの中で、どうして、緑の葉っぱのままで過ごせるのか？」と、不思議に思わない人もいるようです。

そこで、あえて「なぜ、一年中、常緑樹の葉っぱは緑色のままでいられると思いますか？」と質問してみると、多くの場合、即座に「これらの樹木は、寒さに強いから」との答えが返ってきます。

たしかに、この答えは間違いではありません。しかし、何か物足りません。その理由は、この答えは、**これらの樹木が寒さに耐えるためにしている努力に触れていないから**です。

たとえば、常緑樹の夏の葉っぱを、冬のような低い温度に当てると、凍って枯れます。しかし、冬の寒さにさらされている緑の葉っぱは、冬の低温で凍ることはありません。

ということは、一年中、同じ緑色のままであっても、**常緑樹の葉っぱは、冬の寒さで凍らないための準備をしている**のです。

冬でも葉を落とさない常緑樹の代表「マツ」。冬でも青い「タケ」、冬に咲く「ウメ」とともに、日本では「松竹梅」として、ありがたがられています。

「糖分」が増えた葉っぱは凍りにくくなる

常緑樹の葉っぱは、冬に向かって、葉っぱの中に凍らないための物質を増やします。たとえば、その1つは「**糖分**」です。糖分は、甘みをもたらす成分で、**砂糖**と考えて差し支えありません。

冬に向かって、葉っぱが糖分を増やす意味は、砂糖を溶かしていないただの水と、その水に砂糖を溶かした砂糖水とを冷蔵庫に入れて、どちらが凍りにくいかを試せばわかります。**砂糖水のほうが凍りにくい**のです。そして、溶けている砂糖の濃度が高ければ高いほど、凍りにくくなります。

これは、「**凝固点降下**」という現象です。つまり葉っぱに含まれる水の中に糖が多く含まれれば含まれるほど、葉っぱの中の液の凍る温度が低くなるということです。糖分を増やした葉っぱは、冬の寒さで凍らずに、緑のままでいられるのです。

実際には、寒さを受けることによって、糖分だけでなく、**ビタミンやアミノ酸など、水に溶ける物質の含有量も増えます**。そのため、それらの物質による凝固点降下の効果により、葉っぱはますます凍りにくくなります。

ただ、「冬の樹木の葉っぱは、糖分が増えて、本当に甘くなっているのか？」という疑問を、身をもって確かめないでください。なぜなら、樹木の葉っぱには、**虫に食べられるのを防ぐために、有毒な物質が含まれていることが多い**からです。もし、葉っぱを食べたりかじったりすれば、吐いたり、下痢したりすることがあります。ひどい場合には、めまいや意識を失う症状が現れるかもしれません。

凝固点降下の仕組み

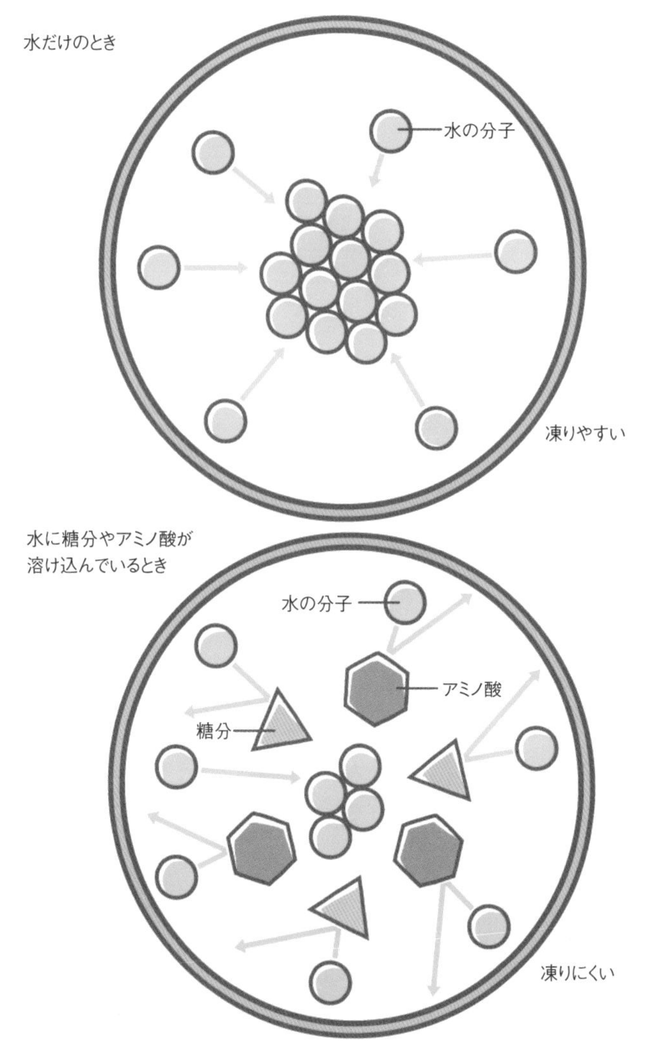

水だけのときには、水の分子が集まって氷になります。水に糖分やアミノ酸が溶け込んでいると、水の分子が集まりにくくなり、凍りにくくなります。

第3章

「食べられる宿命」

すべての動物は、植物たちのからだを食べて生きています。たとえ、肉食の動物であっても、栄養のもとをたどれば、植物を食べていることになります。私たち人間が食べているものも、植物がつくりだしたものです。野菜や果物は、植物がつくりだしたものや、植物のからだそのものです。牛肉や豚肉、鶏肉も、植物由来の飼料で育てられた、ウシ、ブタ、ニワトリの肉です。

このように、**地球上に動物がいる限り、動物に食べられることは、植物たちの宿命**です。しかし、植物たちは、この宿命を背負って、生存競争に打ち勝ち、生き続けています。

本章では、動物に食べられる植物たちが身につけている、からだを再生する仕組みや、「食べ尽くされてはたまらない!」と、からだを防御するために凝らしている工夫を紹介します。

との戦い

食物連鎖

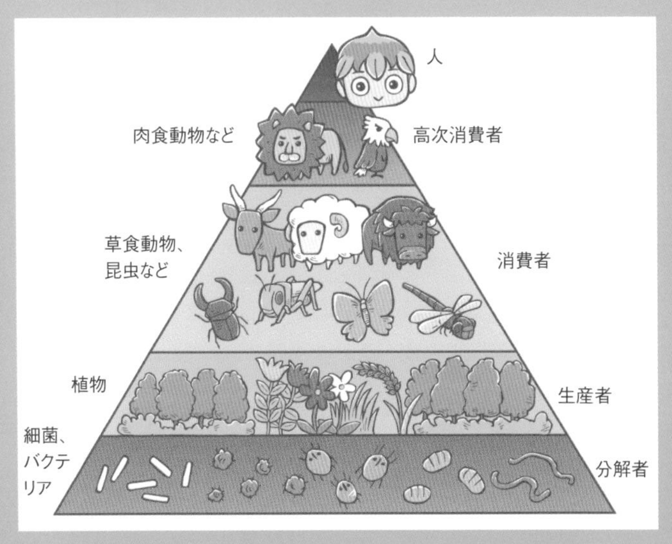

地球上のすべての動物の食糧は、植物たちがまかなっています。このようにいうと、「動物のからだを食べる肉食の動物もいるではないか」と反論されることがあります。しかし、その食べられる動物の肉が「何を食べてつくられてきたのか」と、栄養のもとをたどっていけば、植物のからだに行きつきます。ですから、「肉食の動物も植物を食べている」ことになります

35 「ロゼット型」は「からだ」を守る姿 ～タンポポ、オオバコ、スイバ、ギシギシ……

高いところで葉っぱを広げることで、植物が繁殖できることは、第1章のクズやタケの項で紹介しました。もし、高いところに、植物の葉っぱが繁茂していない場所なら、地面にへばりつくように葉っぱを広げて生育し繁茂できることを教えてくれるのは、タンポポやオオバコです。

これらの植物は、生涯を特徴的な姿で過ごします。**11**で紹介した**ロゼット**とよばれる姿です。茎を伸ばさず、株の中心から放射状に多くの葉っぱを、地面をはうように広げる姿です。

ロゼットの状態になる植物の場合、葉っぱがなるべく重ならないように、四方八方に広げられています。その中心にある芽は、地表面と同じくらいの高さにあります。タンポポやオオバコのような植物はロゼットという構造により、**葉っぱをつくりだす大切な芽を守っている**のです。

ロゼット状態の姿では、芽は地表面の近くにあるため、**動物がこれらの植物の芽を食べるのは困難**です。葉っぱは食べられても、芽は動物に食べられずに残ります。残った芽からは、葉っぱが再び生えてきます。葉っぱをむしり取られても刈り取られても食べられても、もう一度、つくり直すという**生きる力**が、これらの植物たちにはあるのです。

タンポポやオオバコは、春になって茎が伸びだしても、背丈を高くすることはありません。しかし、多くの植物にとってロゼットは、**春になると茎を伸ばす植物の冬の姿**でもあります。冬を越すために、多くの植物がこの姿を利用しています。たとえば、スイバやギシギシ、ハルジオン、ヒメジョオン、セイタカアワダチソウなどの雑草は、秋に発芽して、ロゼットの姿で、冬は地面にへばりつくように葉っぱを広げます。ロゼットの状態で冬を越す利点は、**11**で紹介しました。

写真：野津貴章

写真：野津貴章

タンポポのロゼット（左上）、オオバコのロゼット（右上）、スイバのロゼット（左下）、ギシギシのロゼット（右下）。人間は、タンポポやオオバコなどの雑草を退治しようとするとき、葉っぱをむしり取ります。しかし、何日かすると、雑草たちは、何ごともなかったかのように、葉っぱを生やしてきます。葉っぱはむしり取られても、葉っぱをつくりだす芽は温存されているからです。

36 なぜ少しくらいなら食べられても再生するのか？ ～頂芽優勢

「食べられる」という宿命を背負う植物たちは、食べ尽くされることを防ぐと同時に、少しぐらい食べられても、その被害があまり深刻にならないような性質を備えていなければなりません。身近で見られる植物たちの成長する姿に、その性質は隠されています。

発芽してどんどん成長を続ける植物は、茎の先端にある芽が背丈を伸ばしながら、次々と葉っぱを展開します。茎の先端にある芽は「**頂芽**（ちょうが）」とよばれます。枝分かれしないヒマワリやアサガオでは、上にグングン伸びていく頂芽だけがよく目立ちます。

しかし、芽は、茎の先端にある頂芽だけでなく、すべての葉っぱのつけ根にもあります。その芽を、頂芽に対して、「**側芽**（そくが）**（あるいは腋芽**（えきが）**、脇芽**（わきめ）**）**」といいます。側芽は、頂芽が盛んに伸びているときには伸びません。頂芽だけがグングン伸び、側芽が伸びない性質は「**頂芽優勢**」といわれます。

頂芽がグングン伸びるという性質は見慣れているので、この性質が特にすばらしいものとは思えません。しかし、**植物たちが動物に食べられたときには、この性質が威力を発揮**します。

側芽があれば何度でも復活できる

もし、頂芽を含めて茎の上のほうのやわらかい部分が動物に食べられたら、食べられた下には、多くの側芽があります。どの位置まで食べられるかはわかりませんが、頂芽がなくなると、下のほうの側芽であったもののどれかが、一番先端になります。すると、その側芽が頂芽となりますから、頂芽優勢の性質で伸びはじめます。

上の芽と葉っぱが動物に食べられて、葉っぱがごっそりなくなっても、**茎の下方に側芽がある限り、一番先端になった側芽が頂芽となって伸びはじめる**のです。そのため、食べられて、しばらくすると、何ごともなかったかのように、食べられる前と同じ姿に戻ることができます。

食べられるときだけではありません。茎の上のほうが折られたり、切られたり、刈られたりした場合も同じです。茎の下方に側芽がある限り、一番先端になった側芽が頂芽となって伸びだします。ですから、しばらくすると、何ごともなかったかのように、前と同じ姿に戻ります。これが、「少しくらいなら、食べられてもいい」と思っている植物たちが備えている**頂芽優勢という性質の威力**です。

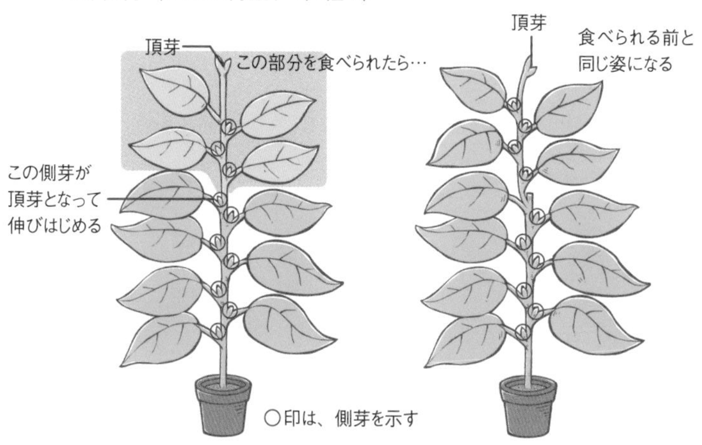

上の芽と葉っぱが動物に食べられてなくなっても、茎の下方に側芽がある限り、いちばん先端になった側芽が「頂芽」となって伸びはじめます。そのため、食べられても、食べられる前と同じ姿に戻ることができます。

37 食べられたり、引き抜かれたりを「トゲ」で防ぐ ～ワルナスビ

「食べ尽くされてはたまらない」という植物たちは、自分のからだを守るために戦いをしなければなりません。そのときの1つの**武器**は、葉っぱや茎からでる突起物である「**トゲ**」です。

ワルナスビという、いかにも悪いことをしそうな名前の植物があります。米国を原産地とする、ナス科の植物です。だから、ナスビと同じような色と形、大きさの花を咲かせます。ワルナスビは、病気や連作障害に強いので、同じナス科のナスビの**接ぎ木**の台木として、役に立ちます。

接ぎ木というのは、近縁の植物の茎や枝に割れ目を入れて、別の株の茎や枝をそこに挿し込んで癒着させ、2本の株を1本につなげてしまう技術です。接ぎ木で1本になった株は、根が台木の性質をもちます。だから、台木にワルナスビを使うと、ナスビは病気に強くなり、連作に耐えることができます。

ワルナスビのトゲ。不用意に抜こうとすると指に刺さって痛い思いをします。　写真：四季の山野草

ワルナスビは、花がそれなりにきれいですが、接ぎ木以外には特に役に立ちません。そのため、私たちは、ワルナスビを見つけると抜こう

とします。そのときに、トゲがうっかり刺さってしまいます。そんな悪さをするので、「ワルナスビ」とよばれるのです。

普通、「植物たちは、動物に食べられることからトゲでからだを守っている」と考えます。そのとおりなのですが、私たち人間に好まれないワルナスビのような植物のトゲは、このように**引き抜かれて、捨てられてしまうのを防いでいる**のです。

トゲは何かに「絡まる」ときにも使う

植物のトゲには、もう1つ、**何かに絡まる**ためのはたらきがあります。倒れそうになったときには、そばにある植物のからだにトゲが絡まり、それをよりどころにして、植物たちは上へ伸びようとするのです。

植物たちは、ほかの植物の陰にいては、十分な光が受けられませんが、上へ伸びれば、より多くの光を受けることができます。トゲは、植物たちが上へ伸びるための道具にもなるのです。

バラのトゲ。表皮が変形したものです。

ボケのトゲ。茎や枝が変形したものです。

38 奈良公園では「トゲ」の多いものが生き延びる ～イラクサ

トゲのある茎や葉っぱを食べると痛いので、「トゲがあれば、植物たちは動物に食べられる食害から逃れられる」ということは、理屈の上では、よく理解できます。しかし、「実際に自然の中で、そんな現象がみられるのか？」という疑問があるでしょう。

大仏様で有名な東大寺のある奈良県の奈良公園には、**イラクサ**という植物が多く育っています。イラクサの葉っぱや茎には、トゲがあります。「このトゲに刺されると痛くてイライラするのが、『イラクサ』という名前の由来」といわれたり、「トゲ（刺）を古くは『イラ』といったので『イラクサ（刺草）』という植物名がついた」といわれたりします。イラクサの英語名は「ネトル」であり、この語は名詞では「イライラさせるもの」を意味し、動詞では「いらだつ、いらだたせる」という意味があります。

イラクサには本来、葉っぱや茎にトゲが少ないものから、多いものまでいろいろあります。ところが、奈良公園には多くのトゲをもつものしか育っていません。「奈良公園には、本当に、多くのトゲをもつイラクサしか育たないのか」を確かめるために、実験的に、トゲの少ないものや多いものが混ぜて植えられました。

シカを使った実験の結果は……？

奈良公園には、「神様のお使い」といわれ、大切にされている**シカ**が生息しています。というより、放し飼いにされています。そのため、奈良公園を訪れると、あちこちでシカに出会います。シカは観光客に「鹿せんべい」を買ってもらって食べていますが、公園内の植物も食べます。イラクサは、シカに食べられる植物の1つです。

実験の開始後、何年か経過すると、**トゲの少ないイラクサが姿を消し、トゲの多いイラクサばかりが生き残る**ことがわかりました。トゲの多いイラクサが生き残るということは、「シカが、トゲの少ないイラクサを食べ、トゲの多いイラクサを嫌って食べない」ということを意味します。ということは、イラクサは、動物に食べられないように、トゲによってからだを守っていることになります。「トゲがあれば、動物に食べられる食害から逃れられる」ということの1つの例です。

イラクサのトゲ。葉(右)にも茎(上)にもあります。奈良公園での実験で、動物に食べられるのを防ぐ効果があることが確認されました。

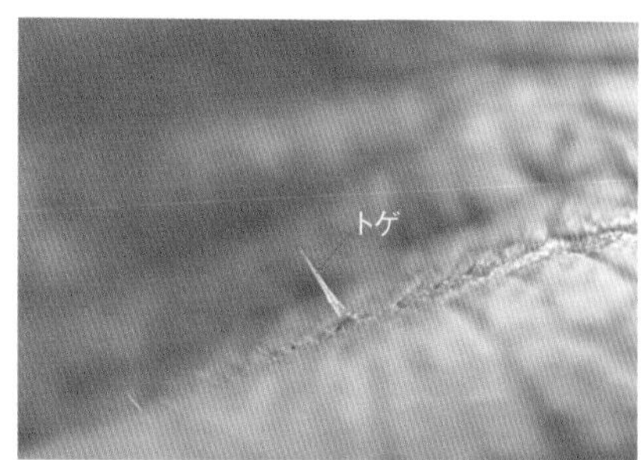

39「有毒物質」が「芽生え」を動物から守る ～ワラビ

トゲでからだを守る植物がいますが、**有毒物質**を身につけてからだを守る植物も多くいます。たとえば、おいしい山菜の代表である**ワラビ**です。

ワラビには、「**チアミナーゼ（アノイリナーゼ）**」や「**プタキロサイト**」などの有毒物質が含まれています。私たちがワラビを食べるときには、必ず徹底的に「**灰汁抜き**（あく）」をします。灰汁抜きというのは、植物に含まれる渋みやえぐみなどの成分を抜き取ることです。きちんと灰汁抜きをすれば、ワラビの有毒物質はほとんど取り除かれます。ですから、「毎日、異常なほど大量に食べ続けることがなければ、問題はない」といわれます。

ワラビは、有毒物質を身につけているだけでなく、その他にも、生き抜くための術をもっています。地下茎の形で冬の寒さをしのぐのです。春に地上にでて食用になるのは、丸く巻いた葉っぱの部分です。葉っぱには、茎がついているかのような印象がありますが、あれは茎ではありません。葉っぱを支える長い柄で、「**葉柄**（ようへい）」といわれるものです。茎は、土の中に隠れたままで、姿を見せません。

地下茎のおかげで、ワラビは冬の寒さをしのげます。**地上部では、食べられることから有毒物質でからだを守り、地下部では、地下茎で寒さからからだを守っている**のです。

地下茎の恩恵は、それだけにとどまりません。ワラビは**シダ植物**です。シダ植物は、普通、ジメジメした日陰で育つものです。ところが、ワラビは、そんなにジメジメしていない場所でも育っています。ワラビはシダ植物らしくない場所でも生きていけるのです。これは、地下茎が土の中にあり、土の中には水分が多くあるからです。これらは、**第1章**の地下茎の利点のところで紹介しました。

ワラビの芽生え。草原に放牧されているウシやウマが、自然に生えていたワラビを食べて中毒をおこしたり、死んだりしたこともあります。

40 とんでもない「猛毒」で外敵から身を守る ～ソテツ、キョウチクトウ

有毒な物質でからだを守る植物に、**ソテツ**があります。ソテツは、沖縄県や九州の南部に多く生育し、本州でも、庭や公園で栽培されることがあります。ソテツはソテツ科で、マメ科ではありませんが、第1章で紹介した根粒菌を住まわせる、珍しい植物です。根粒菌はソテツから栄養をもらう代わりに、空気中の窒素を吸収して窒素肥料に変えてソテツに供給します。そのため、ソテツは痩せた土地でも生育できます。

ソテツは夏に花を咲かせ、その後、タネをつくります。タネは成熟すると、朱色を帯びた卵型になります。このタネには、「**サイカシン**」という有毒な物質が含まれています。食べると、嘔吐、めまいや呼吸困難などの症状の中毒をおこします。この物質の名前は、ソテツの属名「**サイカス**」にちなんでいます。

一方で、ソテツのタネや幹には、食用になるデンプンが多く含まれています。そのため、飢饉のときには、飢えをしのぐために、毒性を弱くする調理をすれば、「タネや幹は食べら

ソテツ。根の根粒菌が空気中の窒素を吸収して、窒素肥料として供給するので、やせた土地でも生きられます。

れる」といわれます。サイカシンは、「水にさらして乾燥させたり、火にあぶったりすると、毒性が弱まる」といわれます。しかし、**ソテツは決して食べてはいけない植物**です。

身近なキョウチクトウは猛毒をもつ

身近にも、絶対に食べてはいけない植物があります。**キョウチクトウ**です。キョウチクトウは、挿し木で容易に増やせることや排気ガスに強いこともあって、街の中で庭木や街路樹として広く植えられ、夏の間、真っ白やピンク色の花を咲かせます。

しかし、キョウチクトウは、葉っぱや枝におそろしく有毒な「**オレアンドリン**」という名前の物質をもっています。キョウチクトウの英語名の「オレアンダー」にちなむ名前です。この有毒物質のために、キョウチクトウの花言葉は、「危険」「注意」「用心」などとなっています。

オレアンドリンのために、キョウチクトウの葉っぱは、虫にほとんど食べられません。また、キョウチクトウは、原産地のインドで「ウマ殺しの木」、イタリアで「ロバ殺しの木」とよばれます。

ソテツの実。「サイカシン」という有毒物質が含まれています。

キョウチクトウは排気ガスに強いので、高速道路沿いに植えられていることもよくあります。

41 有毒物質で「シカ」を撃退 ～アセビ、カワチブシ

植物たちは、「有毒な物質を身につけていれば、動物に食べられる食害から逃れられる」ということは、理屈の上では、よく理解できます。しかし、「実際に、自然の中で、そのような現象が見られるのか」という疑問があります。その疑問に答える2つの例があります。

1つ目は、奈良公園で知られているものです。**38**で紹介したように、奈良公園には、シカがいます。

奈良公園のアセビとシカ。奈良公園ではシカが食べないため、たくさん育っています。

奈良公園にいるシカは放し飼いにされていて、公園内の草や木の葉っぱを自由に食べます。

「奈良公園には、**アセビ**が多い」といわれます。アセビは、漢字では「馬酔木」と書かれるように、「ウマがアセビの葉っぱを食べると酔ったようになる」といわれます。「酔う」という字が使われますが、「毒にしびれた状態になっている」というのが適切な表現です。

アセビには、「**アセボトキシン**」、あるいは「**グラヤノトキシン**」

アセビ。「アシビ」とよばれることもあります。「この『シビ』は、『しびれる』状態を強調している」といわれます。

とよばれる有毒な物質が含まれており、決してウマだけに有害なものではありません。奈良公園のシカも食べず、その結果、公園内にはアセビが多く育っているのです。

猛毒のアコニチンでニホンジカから身を守る

有毒な物質で食害から身を守っているもう1つの例が、近年、奈良県御杖村（みつえむら）の「**三峰山**（みうねやま）」で知られています。ここの草原にはかつて、リンドウやオミナエシなど、いろいろな植物が生育していました。しかし、近年は、「トリカブト」の仲間、「**カワチブシ**」が他の植物に代わって繁殖しています。

カワチブシは、「河内附子」と書かれます。「河内」は、カワチブシの自生地の大阪府の地名で、「附子」は、トリカブトの根を乾燥させた生薬の名前です。この名前のように、カワチブシは、トリカブトと同じキンポウゲ科の植物で、トリカブトと同じ猛毒の「**アコニチン**」を含んでいます。

この山には、野生のニホンジカが生息しており、草を食べて

カワチブシ。トリカブトの仲間で、猛毒の「アコニチン」を含んでいるので、三峰山（奈良県）では野生のニホンジカが食べず、繁殖しています

写真：いがりまさし

います。**カワチブシはこの猛毒で、ニホンジカに食べられることから逃れている**のです。そのため、他の草が食べられたあとに、カワチブシが繁殖していると考えられています。

このように、実際に、自然の中で、植物たちは有毒な物質でからだを守っているのです。

トリカブト。葉っぱをニリンソウと間違えて食用し、中毒するケースがよく見られます。死に至る場合もあります

42 有毒だからこそ人間と「共生」できた ～ヒガンバナ②

ヒガンバナが、土地と光を奪い合う競争を避けていることは、**19**で紹介しました。ヒガンバナは、競争を避けて生きるだけでなく、有毒な物質を身につけています。右ページの**表**に示したように、身近な植物を含めて、多くのものが有毒な物質を身につけています。

ヒガンバナは古くから、「毒をもつ植物」「墓地に花咲く植物」として、あまり良いイメージをもたれていません。ヒガンバナの球根には、「**リコリン**」という物質が含まれています。リコリンという名前は、ヒガンバナの属名の「**リコリス**」にちなんでいます。かわいらしい響きのある名前ですが、リコリンはよく知られているように有毒です。

「有毒な物質をもっていて、気持ち悪い」などと思わず、「植物は自分のからだを守るために有毒な物質をもっている」という植物たちの生き方を理解した上で、私たちは、植物たちと共存、共生していかなければなりません。

ヒガンバナは、その1つの例です。ヒガンバナは、墓地や田畑のあぜに育ってきました。「ヒガンバナは勝手に生えている」と思われがちですが、そうではありません。ヒガンバナは、タネをつくらず、球根で増えます。ですから、**球根が転がったり、土にまじって運ばれたりする以外に、生育地を変えることはありません**。

しかし、球根が墓地や田畑のあぜにうまく転がっていったり、お墓や田畑のあぜに運ばれる土に、偶然、球根が混じっていたりすることがないわけではないでしょう。でも、そんなことはまれでしょう。**人間がお墓のそばや田畑のあぜに植える以外にない**のです。ヒガンバナの球根が有毒な物質をもつことを知っていた先人たちに、お墓や田畑のあぜに植えられてきたのです。

お墓に植えられたのは、土葬だった時代、埋葬した遺体を食べにくるモグラやネズミを寄せつけないためでした。ヒガンバナは、有毒な物質をもっているおかげで、遠い昔から、私たち人間と共存、共生してきたのです。

有毒物質を身につけた身近な植物

植物名	有毒物質名
トリカブト	アコニチン
ヒガンバナ	リコリン
チョウセンアサガオ	アトロピン、 スコポラミン
ヨウシュヤマゴボウ	フィトラッカトキシン
ウルシ	ウルシオール
イヌサフラン	コルヒチン
ドクゼリ	シクトキシン
ドクニンジン	コニイン

ヒガンバナがあぜに多いのは、モグラやネズミがあぜを壊すことを防ぐためでした。

43 「味」で虫や鳥などの動物を撃退する
～最も効果的なのは「渋み」？

植物たちの中には、からだを守るために、「**味**」を使うものもあります。虫や鳥などの動物に、葉っぱや茎、実やタネを食べられたくない植物たちは、虫や鳥に嫌がられる味で守るのです。「おいしくない」と思われたいのです。さらに、「とんでもない味なので、食べるのをやめよう」と思われたいのです。だから、植物たちは、**味をいろいろ工夫**しています。

私たちは、いろいろな野菜や果物の味を楽しみます。ですから、これらの味が「植物たちのからだを守るためにつくられている」とは思いません。しかし、**植物たちはからだを守るための防御物質として味を使っていることもある**のです。

もちろん、からだを防御するためだけに、味をだす物質がつくられているわけではありません。しかし、「これらの物質をからだの中でつくり、からだを守るために役立てる」という無駄のない生き方には、感服せざるを得ません。

私たちが味を表現するときには、「甘い」「酸っぱい」「辛い」「苦い」「渋い」など、いろいろあります。これらの味の好き嫌いは、人それぞれで異なるのと同じように、虫や鳥などの動物の種類によっても違います。しかし、虫や鳥などの動物が最も嫌がるのは、私たち人間にとっても嫌な味と思われます。

とすると、多くの人に同意してもらえる最も嫌がられるのは「**渋い**」という味です。「甘い」「辛い」「酸っぱい」という味を好む人はいます。また、「苦い」味を好む人も、多くはありませんがいます。しかし、「渋い」という「苦みをともなった、舌をしびれさせる味が好き」という人に、あまり出会ったことはないでしょう。「渋い」という味は、多くの虫や鳥などの動物にとっても嫌な味のはずです。**渋ガキやクリ**は、それを利用している代表なのです。

人間の５つの味覚

44 「武器」としての「酸っぱい」葉っぱ ～カタバミ、ムラサキカタバミ、スイバ

カタバミという植物があります。家の庭や花壇の周囲、公園や校庭などに生えている雑草です。3枚の小さな葉っぱが1セットになっていて、それぞれが、かわいい「ハート型」をしているのが、この植物の特徴です。このハート型の1枚の葉っぱが、**2**で紹介した小葉です。

同じように3枚の小葉をもつクローバーでは、1枚の小葉が卵型であるため、カタバミとクローバーとは識別できます。クローバーには、たまに「4つ葉」や「5つ葉」がありますが、カタ

カタバミの花と葉っぱ。第1章のクズで紹介したように、この3枚の小さな葉っぱが小葉で、小葉の集まりが、1枚の葉っぱです。

バミでは、これらは見られません。

クローバーでは、白色の小さな花を集めた球状の花が咲きますが、カタバミでは、先端が5つに分かれた黄色の小さな花が咲きます。カタバミの花は、太陽の明るい光が当たっているときには開いていますが、曇ってくると閉じてしまいます。

カタバミを見かけたら、数枚の葉っぱを摘み取り、古くて光沢を失った十円玉に押しつけるようにこすりつけて、磨いてください。葉っぱには、汁が含まれています。

カタバミの葉っぱで古い十円玉を磨くと、こすった部分がピ

ムラサキカタバミ。カタバミの葉っぱよりひとまわり大きいハート形の 3 枚の葉っぱが、ムラサキカタバミの特徴です。

カピカになります。新鮮な葉っぱを追加して、古い十円玉の全体をくまなくこすれば、みるみるうちに、全体がピカピカになります。古い十円玉がピカピカになるのは、カタバミの葉っぱに含まれる、酸っぱい「**シュウ酸**」という物質のためです。

カタバミの仲間に、**ムラサキカタバミ**という植物があります。ムラサキカタバミは、市街地の家の近くの路傍や石垣の間などに育っています。初夏に花茎が葉っぱより高く伸び、先端部分に雑草とは思えぬ先端が5弁に分かれたロート型の可憐な花が咲きます。数個の紅紫色の花をつけた花茎は次々と伸びだしてくるので、毎日、1株に多くの花が咲きます。

この植物の属名は、カタバミと同じ「**オキザリス**」で、葉っぱには、シュウ酸が含まれています。ですから、ムラサキカタバミの葉っぱで、古くて光沢を失った十円玉を磨けば、やっぱりピカピカになります。

酸っぱい「シュウ酸」で葉っぱを虫から守っている

「カタバミやムラサキカタバミの葉っぱは、なぜ、このような性質をもつのだろう」と考えてください。これは、葉っぱが虫などに食べられるのを防ぐためです。カタバミやムラサキカタバミは、シュウ酸を多く含み、葉っぱをおいしくないようにしています。その**酸っぱさで、虫や鳥などの動物から、葉っぱを守っている**のです。「カタバミの葉っぱを好んで食べるのは、シジミチョウの幼虫ぐらいだ」といわれます。

カタバミ以外にも、酸っぱさでからだを守っている植物があります。**スイバ**という植物は、葉っぱに酸っぱいシュウ酸を含んでいます。スイバと同じタデ科のギシギシの葉っぱにも、シュウ酸が含まれています。

スイバ。酸っぱい葉っぱを意味する「酸葉」と書きます。

45 「辛み」で身を守り、生存範囲を広げる ～トウガラシ

「辛い」という味を、からだを守ると同時に、生存範囲を広げるのに巧みに利用しているのが、**トウガラシ**です。トウガラシの辛みの成分は、「**カプサイシン**」という物質です。この物質名は、トウガラシの属名「**カプシカム**」にちなんで名づけられています。2008年、ワシントン大学(米国)の研究チームから、「トウガラシが、辛みで身を守る」という研究成果が発表されました。

この研究チームは、トウガラシの原産地である南アメリカのボリビアに自生するトウガラシを、昆虫が多い地域や少ない地域などの7カ所で採取して、含まれるカプサイシンの量を調べました。すると、「昆虫が多い地域のトウガラシはカプサイシンを多く含み、昆虫の少ない地域のトウガラシはカプサイシンをほとんど含んでいない」という結果になりました。

昆虫が多い地域のトウガラシにカプサイシンが多い理由として、「昆虫が実をかじると、表面に傷がつき、そこから病原菌が侵入する。病原菌が実の中に侵入すると、繁殖してタネを殺してしまう。それを防ぐためである」と説明されました。カプサイシンは**病原菌の繁殖を妨げる作用**があります。だから「**昆虫の多い地域のトウガラシは、多くのカプサイシンを身につけてからだを守る**」ということになるのです。

トウガラシの辛味は、からだを守るだけでなく、生存範囲を広げるのにも役立っています。カプサイシンはタネの中に多く含まれています。だから、虫はタネをかじりません。

といっても、「トリは、トウガラシを食べるではないか」との疑問もおこります。でも、トリはトウガラシを食べるときに、

タネをかみ砕かず、飲み込みますから辛さを感じません。すると、**飲み込まれたタネは糞として、遠くにまき散らされます**。

　それぞれの植物が生きるために、知恵と工夫を凝らしていることに感心せざるを得ません。

トウガラシ。辛みのある果実をつくることにより、自分で動きまわることなく、新しい生育地を獲得し、生育地を広げてきました。

46 「タンパク質分解物質」で、からだを守る
～イチジク、キウイ、パイナップル、パパイヤ、メロン

植物たちは、動物から食べられることから、からだを守るために本当にいろいろな工夫を凝らし、さまざまな術を尽くしています。ここまで、トゲや有毒な物質、味などを紹介してきましたが、これら以外にも、「そのような物質を身につけているのか！」と驚くようなものがあるのです。

イチジクの実や、実を支えている柄の部分を折ると、切り口から白い液がでてきます。少しドロッとしています。虫や鳥などの動物がイチジクを食べようとして、実や柄をかむと、このドロッとした液がでてきます。**嫌がらせの効果は十分にある**でしょう。しかも、この液には、**タンパク質を分解する「フィシン」**という物質が含まれています。この白い乳液は、**実を食べようとする虫や幼虫のからだを構成するタンパク質を分解することで、からだを食べられることに抵抗**するためのものです。イチジクは、傷ついたときに侵入してくる病原菌を退治するためにも、このような物質をもっているのです。

キウイの果実には、「**アクチニジン**」という物質が含まれています。**パイナップル**の果実にも、「**ブロメライン**」あるいは「**ブロメリン**」とよばれる物質が含まれています。**パパイヤ**の果実には、「**パパイン**」という物質が含まれます。**メロン**の果実には、「**ククミシン**」という物質が含まれます。これらは、いずれもタンパク質を分解する物質です。これらの果実は、虫や幼虫に嫌われ、病原菌を退治するために、このような物質を身につけているのです。

これらの物質は、私たちにも影響があります。私たちの舌の

表面にヌルヌルした感触があるのは、**タンパク質を含んだ液で覆われている**からです。そのため、これらの果物をたくさん食べると、舌の表面を覆っていた**タンパク質が溶かされて、食べたものが舌に直接触れるため、舌が敏感になる**のです。これが、**次項**で紹介する、思わぬ現象を引きおこします。

イチジク（上）とパパイヤ（左）。タンパク質を分解するので、料理に加えると肉が柔らかくなり、肉と一緒に食べたり、食後に食べると、肉の消化が促進されます。

47 食べにくる「不届き者」は「針」で刺す ～パイナップル、キウイ

パイナップルは、タンパク質を分解するブロメラインやブロメリンとよばれる物質をもっていることを前述しました。この果物は、他にも、ある物質を合わせてもっているため、私たちは思わぬ現象に出合います。

その物質は、**シュウ酸カルシウム**です。この物質を顕微鏡で見ると、針のようにトゲトゲしているので「針状の結晶＝**針状結晶**（しんじょうけっしょう）」とよばれます。パイナップルを多く食べると、タンパク質が溶かされて敏感になった舌の表面に針状結晶が直接触れて、舌がチクチクと感じます。

キウイを多く食べると舌がチクチク感じるのも、パイナップルの場合と同じです。キウイは、タンパク質を分解するアクチニジンとよばれる物質と、シュウ酸カルシウムの針状結晶をもつからです。

では、「なぜ、キウイやパイナップルは細い針の集まりのような物質をもっているのか？」という疑問が浮かぶかもしれません。その答えは、**これらの果物が、虫や、その幼虫に食べられてしまうことからからだを守るため**です。わざわざ、そのためにつくっているのかはわかりませんが、結果として役に立っているのです。

なお、パイナップルもキウイも、食べすぎなければ、チクチクすることはないのですが、どれだけ食べるとチクチクするかは、人によって異なります。これらの果実が大好きで、どうしてもたくさん食べたいときには、缶詰のものにするか、少し加熱してから食べるのがいいでしょう。タンパク質を分解する物

質は熱に弱いので、その効果をなくすからです。

パイナップル（左）とキウイ（上）。多くの果物の中で、パイナップルとキウイは、虫や、その幼虫に食べられることからからだを守る力が強いといわれています。

48 葉っぱをかじる虫は「メルカプタン」で撃退 〜ヘクソカズラ

1930年、レニングラード大学(旧ソ連)のトーキン博士は、「植物はからだから、カビや細菌を殺すいろいろな**物質**をだし、自分のからだを守っている」という考えを提唱しました。その物質は**植物の香り**です。

植物の葉っぱや幹から放出される香りは、「**フィトンチッド**」とよばれます。「フィトン」とは「**植物**」という意味で、「チッド」は「**殺すもの**」という意味のロシア語です。「フィトンチッド」は、**植物たちがカビや病原菌を遠ざけたり退治したりするための香り**なのです。

緑の森の中を歩く「**森林浴**」は、「身も心もリフレッシュする」といわれるように、たいへん気持ちが良いものです。実は、森林浴で浴びているのは、樹々の葉っぱや幹からでている、ほの

ヘクソカズラ。気をつけて見ていると、けっこうあちこちで見かけるのですが、知名度は低いのです。だから、はじめて名前を知ったとき、「なんとひどい名前がついているのか」と驚かれるでしょう。しかし、その名前のおかげで、一度知れば、忘れることのない植物です。

かに感じる香りなのです。

森林浴では、マツやヒノキなどの樹々がだす香りを浴びています。植物たちが、自分のからだを守るために葉っぱや茎からだす香りです。寄ってくるカビや細菌を、殺したり、繁殖を抑えたりするための香りなのです。すなわち、フィトンチッドです。

「メルカプタン」で虫や動物に葉っぱを食べさせない！

ヘクソカズラという植物がいます。奈良時代にはクソカズラでしたが、江戸時代に、ヘクソカズラとよばれるようになったといわれます。どのような香りがするかは、「糞葛（クソカズラ）」や「屁糞葛（ヘクソカズラ）」という漢字名を見れば、想像してもらえると思います。

この植物名の「**カズラ**」は、ツルで伸びる植物につけられる語であり、ヘクソカズラがツル性の植物であることを示しています。ツルが伸びて、小さな葉っぱが繁茂した後、夏にロート型の小さな花が咲きます。また、「ヤイトバナ」ともいわれるように、花の中央に「灸（やいと）」の跡のような赤味があります。

「本当にヘクソカズラかどうか」を確かめたければ、葉っぱなどを押しつぶして匂いをかぐとわかります。「糞（クソ）」や「屁糞（ヘクソ）」とよばれる香りが漂ってきます。

ただし、ヘクソカズラが育っているそばにいても、何も臭いを感じません。それなのに、「なぜ、葉っぱを傷つけたり、もんだりすると強い匂いが放たれるのか？」と疑問に思われます。

葉っぱの香りは、**虫や動物が葉っぱをかじったときに、葉っぱが身を守るために発散させるもの**です。ですから、ヘクソカズラの香りの成分「メルカプタン」は、葉っぱをかじった虫や動物に耐えられない成分なのです。

49 防虫剤にも使われる「ショウノウ」で虫を追い払う ～クスノキ

フィトンチッドとして樹木が漂わせる香りは、「虫に食べられるのを防ぎ、虫を追い払うはたらきを本当にもつのか？」と疑問を抱く人もいるでしょう。そのはたらきがあることを確実に示してくれるのが**クスノキ**です。

クスノキは、日本、台湾、中国を原産地とするクスノキ科の植物です。日本では全国どこにでも、古くから身近に育っています。兵庫県、佐賀県、熊本県、鹿児島県では「県の木」に選ばれています。

クスノキのそばに近づいても、特に木から香りは発散していません。葉っぱを切り取って香りをかいでも、そのままではほとんど香りません。

ところが、クスノキの葉っぱを手でもみくちゃにすると、強い香りが漂います。葉っぱをもみくちゃにして、葉っぱに傷がつくと、強い香りが放出されるのです。**葉っぱに傷がつくというのは、クスノキの葉っぱにとっては、虫にかじられたことを意味する**からです。もみくちゃにすると放出される香りは、葉っぱが虫にかじられて傷がついたときに、**虫を退治するため**にでるものです。

この香りは、「**ショウノウ（樟脳）**」とよばれます。ショウノウというのは、クスノキが放出する香りの主な成分です。近年は、ショウノウとして人工的に合成された香りがあり、それが商品として、ショウノウという名前で市販されています。

でも、もともとは、クスノキの葉っぱや枝に含まれている物質名です。

クスノキ。クスノキが放出するショウノウは、英語で「camphor（カンファー）」といいます。ですから、クスノキの英語名は「camphor tree（カンファー・ツリー）」です。

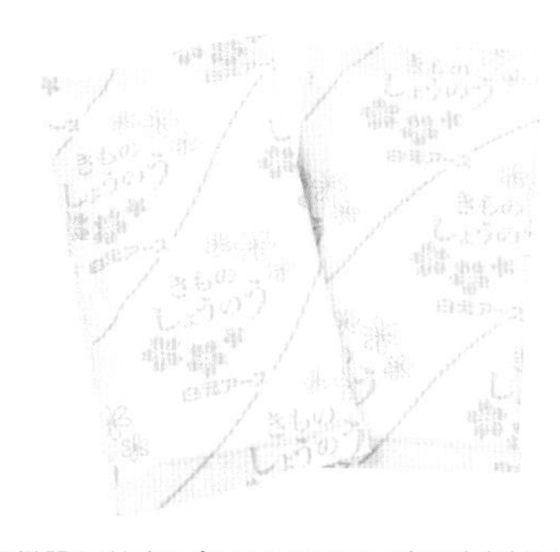

私たち人間は、着物や洋服などを虫に食べられることから守る防虫剤として、ショウノウを利用してきました。

50 香りで「助けて！」と「叫び声」をだす ～リママメ

植物たちが、**自らの危機を知らせるために香りを使う**例が知られています。

「**ナミハダニ**」というダニがいます。植物の葉っぱを食べる害虫です。葉っぱを食べられた植物は、傷口から、特有の香りを発散することがわかってきました。ただ、人間が葉っぱを傷つけても、この香りはでてこないのです。**ナミハダニが葉っぱを食べたときにだけつくられる**のです。

この香りには、「**チリカブリダニ**」という別のダニを引き寄せる作用があります。この大好きな香りに誘われ、引きつけられてくるチリカブリダニは、葉っぱを食べません。

チリカブリダニは、ナミハダニの天敵であり、ナミハダニを餌として食べます。ですから、**ナミハダニに襲われた植物たちは、チリカブリダニに助けられる**ことになります。チリカブリダニは、植物たちの「レスキュー（救助）隊」としての役目を果たすのです。

つまり、植物たちは、ナミハダニに襲われると、「助けてくれ！」という叫び声を香りに変えて、チリカブリダニに送るのです。その香りを合図に、チリカブリダニが駆けつけるのです。

この現象は、葉っぱを食べられた植物だけが助けられているように思われますが、そうではありません。チリカブリダニにも、利点があります。

チリカブリダニは、この香りのおかげで、自分たちの餌であるナミハダニを探しまわる必要がありません。植物が、香りで、「ここにナミハダニがいますよ」と教えてくれるのです。

この現象は、マメの一種、**リママメ**でよく知られています。この「助けてくれ！」という香りは、チリカブリダニだけが感じるわけではなさそうです。まわりの仲間の植物たちも感じるのです。それを感じた植物たちのからだでは、ナミハダニに抵抗するためのタンパク質をつくる遺伝子がはたらきはじめる可能性も、最近考えられつつあります。

香りで助けを呼ぶ例

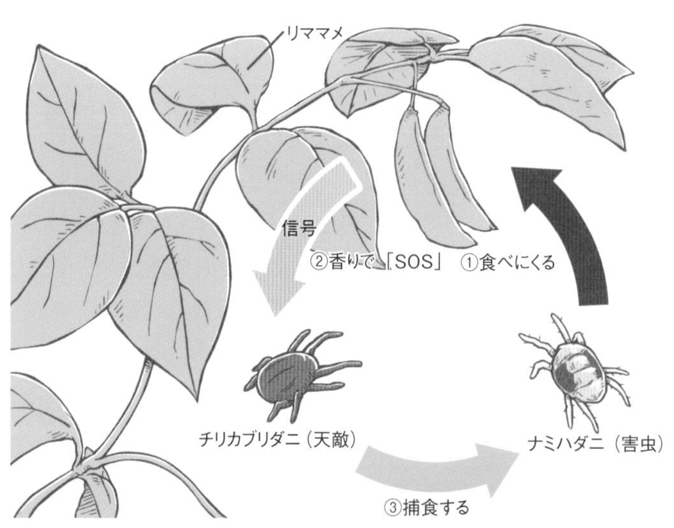

ナミハダニに襲われると、リママメは「助けてくれ!」という叫び声を香りに変えて、チリカブリダニに送ります。その香りを合図に、ナミハダニの天敵であるチリカブリダニが駆けつけます。

51 サクラ餅の葉っぱの防御反応は「甘い香り」 ～オオシマザクラ

サクラ餅の葉っぱからは、おいしそうな甘い香りが漂い、私たちの食欲をそそります。サクラ餅に使われる葉っぱは、**オオシマザクラ**の葉っぱです。しかし、木についているオオシマザクラの緑の葉っぱを切り取っても、サクラ餅の葉っぱの香りは漂ってきません。サクラ餅の葉っぱの香りは、**サクラの葉っぱを塩漬けにすると漂ってくる**のです。

塩漬けにしなくても、サクラは、葉っぱが虫にかじられて傷つけられたとき、あの香りを発散させて、自分の葉っぱを守るのです。あの香りは、私たちにはおいしそうな気持ちのいい香りなのですが、虫にとっては嫌な香りなのです。

そのため、クスノキで紹介したように、葉っぱをもみくちゃに丸めて傷だらけの状態にすると、虫にかじられたのと同じ状

サクラ餅。オオシマザクラだけでなく、ソメイヨシノでも、他の品種のサクラでも、葉っぱを塩漬けにすると、サクラ餅の香りは漂ってきます。

態になり、数分後にあの香りがほのかに漂ってきます。

サクラ餅の葉っぱの甘い香りは、「**クマリン**」という物質の香りです。傷がついていない緑の葉っぱには、クマリンができる前の物質が含まれています。この物質には、まだ香りはありません。葉っぱには、もう1つの物質が含まれています。それは、クマリンができる前の物質をクマリンに変えるはたらきがある物質です。

しかし、傷がつかずに生きている緑の葉っぱの中では、**2つの物質が接触しないよう**になっています。そのため、クマリンができることはなく、香りは発生しないのです。ところが、葉っぱが傷ついたり、葉っぱが死んだりすると、これらの**2つの物質が出合って反応**します。その結果、クマリンができて、香りが漂ってくるのです。

オオシマザクラの花と葉っぱ。葉っぱが傷ついてクマリンの香りが漂いはじめるのは、サクラの葉っぱが生きているときは、虫に食べられることへの防御反応なのです。

52 「ヒノキチオール」で虫や菌をシャットアウト ～ヒノキ

ヒノキという樹木の香りは、**強い殺菌効果**をもっています。昔からヒノキは、この強い殺菌効果を期待して、食品の新鮮さを保つために利用されています。魚屋さんや寿司屋さんの店頭では、生魚の下にヒノキの葉っぱが敷かれていることがあります。一昔前には、秋になると多くの店で、マツタケがこの上に載せられて売られていました。

ヒノキは、葉っぱだけでなく、幹や枝の材も香りが高く、その香りのおかげで、この材は細菌や虫に強いのです。そのため、生ものを載せても細菌の繁殖を防がねばならない「まな板」や、湿気が高く、温かいので細菌が繁殖しやすいお風呂で使う「桶」や「椅子」などの木製品に使われています。

ヒノキ。日本特産の樹木で、英語名は「Japanese cypress（ジャパニーズ・サイプレス）」や「ヒノキ・サイプレス（Hinoki cypress）」です。「サイプレス」は、ヒノキ科の仲間の樹木で、和名では「イトスギ」とよばれる、地中海沿岸地方が原産地の樹木です。

ヒノキの材は、虫に食べられたり腐食したりせずに、長もちしなければならない建物や建具、高級なタンスなどの家具にも使われます。「ヒノキのタンス」や「ヒノキ造りの家」などというのは、昔から高級品でした。

『日本書紀』には、「ヒノキは宮殿に」と書かれています。ヒノキは、耐虫性、抗菌性、耐久性にすぐれているので、「宮殿の建設に最適である」ということです。たとえば、7世紀前半に創建され、焼失のため8世紀までに再建されたといわれる奈良県の**法隆寺**は、ヒノキが使われています。そのおかげで、築後1300年を超えて、世界最古の木造建築となっています。

聖武天皇や光明皇后ゆかりの品など、多くの美術工芸品が収められている**正倉院**もヒノキを使って建てられています。そのおかげで、菌や虫の害を受けることもなく、美術工芸品が驚くほど良好な状態で保存されているといわれます。

抗菌、殺菌作用をもつ「ヒノキの香り」は「**ヒノキチオール**」です。昔からいわれる「**ヒノキ油**」の成分です。この香りで、ヒノキは自分のからだを菌や虫から守っているのです。

私たち人間と共存、共生していくためには、私たち「人間に役に立つ」ことも大切なことを示しているようです。

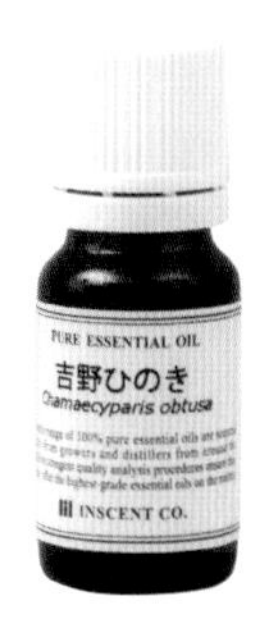

ヒノキ油の成分であるヒノキチオールは、虫や菌を寄せつけません。

53 植物のからだを病原体から守る「武器」 〜ファイトアレキシン

植物たちは、カビや細菌、ウイルスなどの**病原体から自分のからだを守るために、いろいろな仕組みを工夫**しています。それは、植物たちも「病気になりたくない」と思っているからです。

植物たちにも多くの病気があることは、園芸店に行けば、植物の「うどんこ病」「ベト病」「サビ病」など多種多様な病気のための薬剤が並んで売られていることからわかります。

植物のからだをつくる細胞のまわりには、硬い**細胞壁**とよばれるものがあります。さらに、それらを保護するように、その外側を、**ワックス状のもの**で覆っている植物がいます。そのた

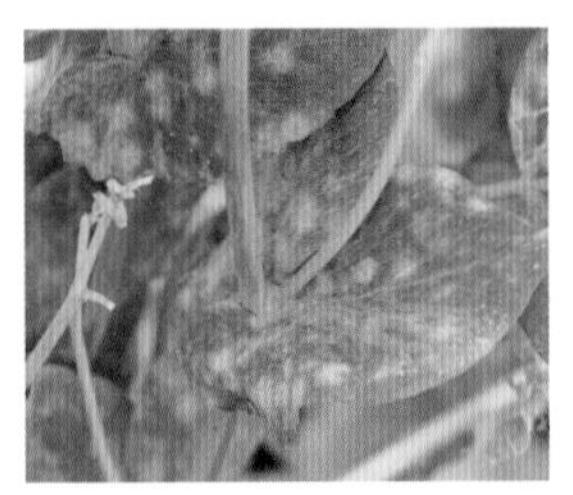

エンドウのうどんこ病。葉っぱの表面に白いカビが生え、うどん粉を散らしたような姿になる病気です。
写真：タキイ種苗

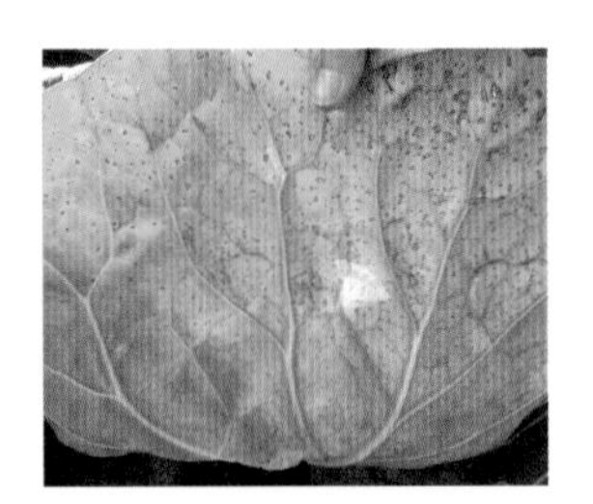

キャベツのベト病。葉っぱに薄い黄色のカビが生え、症状が進むと褐色を帯びてきます。湿度が高くなると、感染している部分がベトベトになる病気です。
写真：タキイ種苗

ソラマメのサビ病。葉っぱや茎に「錆び」のようなカビが斑点状に生え、盛り上がってきます。斑点の色は植物により、黒色、褐色、薄い黄色などの場合があります。
写真：タキイ種苗

め、その植物の葉っぱの表面は光って見えます。それらで、病原体の侵入を防いでいます。

しかし、病原体はそれらの防御壁を破り、あるいは、防御壁のすき間から侵入します。もし病原体が侵入したら、そのとき植物たちは、敏感に反応し、驚くような反応を見せます。

侵入された細胞は、すぐに自分から死んでしまうのです。**自分が死ぬことで、自分のからだの中に侵入してきた病原体を、その場に封じ込める**のです。

また、自分が死ぬとき、まわりの細胞に「病原体の侵入を受けたので、病原体をやっつける物質をつくりはじめよ」という**合図**を送ります。まわりの細胞は、その合図を受けて、**病原体と戦うための物質**をつくりはじめます。その物質は、「**ファイトアレキシン**」といわれます。

植物が病原体と戦うための物質なので、「ファイト」は「闘い」や「闘志」を意味する「fight」と思われがちです。しかし、「ファイト」は、ギリシャ語で「植物」を意味する「phyto」です。「アレキシン」は「防御物質」で、**ファイトアレキシンは、植物がつくりだす防御物質**ということになります。

代表的なファイトアレキシンの例

植物	ファイトアレキシン
ジャガイモ	リシチン、フィチュベリン
トマト	リシチン
タバコ	カプシジオール
サツマイモ	イポメアマロン
インゲンマメ	ファセオリン
ダイズ	グリセオリン

植物	ファイトアレキシン
エンドウ	ピサチン
イネ	オリザレキシン、サクラネチン
ソルガム	メトキシアピゲニニジン
ハクサイ	ブラシニン
ニンジン	6-メトキシメレイン
ベニバナ	サフィノール

ファイトアレキシンは、植物により、いろいろな種類があります。それぞれの種類の植物が工夫を凝らした物質をもっているのです。

第4章

「虫」を誘う

多くの植物たちは、花を咲かせて、次の世代を生きる子孫である**タネ**をつくります。そのためには、ハチやチョウに花粉を運んでもらわなければなりません。多くの植物たちが一斉に花を咲かせると、ハチやチョウを花に誘い込む競争は激しくなります。

そこで、植物たちは、それぞれの生涯のスタートをずらしています。たとえば、春に発芽するもの、秋に発芽するもののように、**異なる時期に生涯をスタート**させます。

しかし、それでも同じ季節に発芽して、同じように成長し、同じ時期に花を咲かせる植物たちはたくさんいます。生涯のスタートをずらすだけで競争を回避できるほど、自然はやさしくありません。それぞれの種類の植物たちは、**子孫を残し、生き残**

ための戦い

るための知恵と工夫を凝らさなければなりません。

本章では、いくつかの植物を取り上げ、植物たちが、生き残るためにめぐらせている知恵と、凝らしている工夫を紹介します。

しかし、このような植物たちの知恵と工夫に対し、疑問に思われるかもしれません。それは、「多くの種類の植物は、1つの花の中にオシベとメシベをもっている。そして、オシベの先端にできる花粉がメシベにつけば、タネができる。だから、同じ花の中でもタネはできる。そうすれば、わざわざ苦労をして、ハチやチョウに花粉を運んでもらう必要はないのに、なぜ、そのようにしないのか?」というものです。この疑問は、この章の冒頭で先に解消しておきましょう。

54 なぜ植物は「虫の気を引く」争いを続けるのか？
～多くの植物が「自家受精」を好まないワケ

自分の花粉を自分の花のメシベにつけてタネをつくることを「**自家受精**」といい、自家受精でタネをつくる植物もあります。しかし、多くの植物は自家受精を好みません。自家受精でタネをつくると、**自分と同じような性質の子どもばかりが生まれる**からです。

もし、自分が「ある病気に弱い」という性質をもっていたら、その性質は、そのまま子どもに受け継がれます。自分の花粉を同じ花の中にあるメシベにつけてタネをつくり続けていると、一族郎党がその病気に弱くなり、もしその病気が流行(はや)れば、一族郎党が全滅する可能性があります。

それだけでなく、自分の花粉を自分のメシベにつけてタネをつくると、**隠されていた悪い性質が発現する可能性**があります。

表　自家受精を望まない植物とその性質の例

雌雄異熟（しゆういじゅく）	キキョウ、タンポポ、オオバコ、モクレン、コブシなど	1つの花の中にあるメシベとオシベが、異なる時期に成熟する性質です。同じ花の中では、オシベとメシベが成熟する時期がずれているので、自分の花粉がメシベについて、子どもができる心配がありません。	
雌雄同株（しゆうどうしゅ）	ゴーヤ、キュウリ、スイカ、カボチャ、ベゴニアなど	同じ1本の株に「オシベだけをもつ花」である雄花と「メシベだけをもつ花」である雌花を別々に咲かせるという性質です。	
雌雄異株（しゆういしゅ）	イチョウ、サンショウ、キウイ、アスパラガスなど	雄花だけを咲かせる雄株と、雌花だけを咲かせる雌株が別々の個体になっている性質です。	

たとえば、普通に花粉をつくる親であっても、「花粉をつくらない」という性質を、**隠しもっている**ことがあります。その場合、この親が自分の花粉を自分のメシベにつけて子どもをつくると、子どもには「花粉をつくらない」という性質が発現してくることがあります。

このように、自分の花粉を自分のメシベにつけて子どもをつくると、**子孫の繁栄につながらない**ことがあるのです。ですから、多くの植物たちは、自分の花粉を同じ花の中にある自分のメシベにつけて、子どもをつくることを望んでいません。

子孫の「多様性」が命をつなぐ

植物であっても、動物であっても、子どもをつくる目的は、子どもや仲間の個体数を増やすためだけではありません。自分たちの命を、次の世代へ確実につないでいくために、いろいろな性質の子どもが生まれることが望まれます。

「暑さに強い子ども」「寒さに強い子ども」「乾燥に強い子ども」「日陰に強い子ども」「病気に強い子ども」など、いろいろな性質の子どもがいると、自然というさまざまな環境の中で、どれかの子どもが生き残ることができます。

いろいろな性質をもった子どもをつくるために、オスとメスに性が分かれた多くの植物は、**自分のメシベに他の株に咲く花の花粉をつけようとします。一方で、自分の花粉を他の株に咲く花のメシベにつけたい**のです。

そうすれば、自分の性質と他の株の性質が合体して、いろいろな性質の子どもが生まれるからです。そのために、**ハチやチョウなどの虫を誘う競争**を、他の植物としなければならないのです。

55 植物は間違いなく「花を目立たせたい」
～花の褒め言葉は「セクシー！」がふさわしい

多くの植物たちは、美しくきれいな色の花をいきいきと咲かせます。植物たちがこのように美しくきれいに装う理由の1つは、他の植物より「**目立ちたいから**」です。

「誰に対して目立ちたいのか」と思われるかもしれません。植物たちは私たち人間に目立ちたいのではありません。

私たち人間に目立って、「美しい」とか「きれい」とか「かわいい」といわれると大切にされるので、植物たちにとってはよいことかもしれません。でも、このような褒め言葉を聞くと、植物たちは「自分の魅力が、何か不足しているのではないか……」と思い悩むかもわかりません。

なぜなら、花は植物たちの**生殖器**です。ですから、花を咲かせた植物たちが本当にいわれたい褒め言葉は、別にあるはずです。

それは、「**うわぁ、セクシー！**」です。

しかし、「本当に、植物たちが『目立ちたい』と思っているかどうかなんて疑わしい」と思う人がいるかもしれません。たしかに、植物が「目立ちたい」と思っているかどうかは、わかりません。しかし、そのように考えられる理由はあります。

1つは、花には「あってはならない色」があることです。それは、**葉っぱと同じ緑色**です。葉っぱと同じ緑色をしていては、目立たないからです。「緑色の花を咲かせる」といわれる植物たちがないわけではありません。しかし、それらは緑がかっているだけで、葉っぱと同じような緑色ではありません。

もう1つは、多くの植物の花は葉っぱより上に咲き、葉っぱに隠れるように咲く花はあまりないことです。葉っぱより、ひときわ高く花を支える柄や茎を伸ばし、その先に花を咲かせる植物がたくさんあります。

これらは「なぜ、花が美しくきれいに装うのか」という質問に対する答えが、まちがいなく、「**虫や小鳥たちに対して目立ちたいから**」であることを示唆しています。

「葉っぱの色と同じ色の花」は存在しない

新緑のきれいな緑の葉っぱの中で、虫を誘うために、きれいな新緑の葉っぱと同じ色をした花を咲かせる植物はいません。

56 「蜜標」で案内したら、花粉を「手土産」に ～ツツジ

植物たちは、虫に花粉を運んでもらうため、虫を誘い込むための工夫を凝らしています。きれいな色や目立つ色で花を飾り、いい香りを漂わせます。つまり、「**色香**（いろか）」で虫たちを引き寄せるのです。私たち人間の世界では、あまり好ましい表現ではありませんが、「**植物たちは、虫たちを色香で惑わす**」となります。

私たち人間の心が色香に惑わされて心が揺らぐように、ハチやチョウなどの虫も、花々の色香に誘われて、花々に誘い込まれるのでしょう。しかし、植物たちは色香だけでなく、おいしいごちそうも準備しています。それは花の**蜜**（みつ）です。

虫たちは、花が咲く花壇で、多くの花々に色と香りで「こっちへ寄ってきて」と誘われているのです。色香に惑わされて、誘い込まれると、おいしいごちそうを食べることができます。しかも、**手土産**まで準備してくれます。手土産は、背中やおな

ツツジの蜜標。英語では、「guide mark（ガイド・マーク：案内のための指標）」といわれるように、虫を蜜のある場所へ導く案内板です。「ハニーガイド」や「ネクターガイド」ともよばれます。

かにつく**花粉**です。**この手土産をもたせることが、植物たちの目的**なのです。

植物たちは、虫たちへのもてなしを無駄にしないように努めています。花には「**蜜標**」という模様をもつものがあります。蜜標が「蜜のある場所はこちらですよ」と虫に教えているのです。

たとえば、ツツジやゼラニウムなどの花びらの一部分に、斑点のような模様があります。その模様を追っていくと蜜があります。模様で虫に蜜のありかを教えていることになります。もちろん、ただ、蜜をあげるためだけではありません。

ハチやチョウなどが、この模様に沿って蜜にたどりつけば、**からだに多くの花粉がつくように仕組まれている**はずです。植物たちは、「虫がその案内板に沿って蜜までたどり着いてくれたら、多くの花粉をつけられる」と、ほくそえんでいることでしょう。また、その案内板に導かれていけば、**他の花からもらった手土産がメシベにつく**ようになっているはずです。

Column　蜜の味も競い合う!

花の色、香りだけでなく、**蜜の味**も植物たちは競い合っています。ハチミツには、レンゲソウ、アカシア、シャクナゲ、アザミ、クローバー、ナノハナ、オレンジ、ミカン、ソバなどいろいろな味があります。

ハチミツの味は、花の蜜の味そのままではありません。花の蜜は、ハチの巣の中に貯蔵されて変化し、糖の濃度や種類が変化しています。それでも、植物の種類ごとにハチミツの味が異なるのは、もともとの蜜の味が植物の種類ごとに違うことを反映しているからです。

57 「蜜」ではなく「暖かさ」で虫を魅了 ～フクジュソウ

暖かくなって、多くの種類の植物が花を咲かせるようになると、花粉を運んでくれる虫を誘う競争が激しくなります。その競争を避けるために、「先んずれば他の植物を制す」という気持ちで、他の植物が花を咲かせる前に花を咲かせる植物があります。その代表が、まだ寒い新春に、花を咲かせる**フクジュソウ**です。

フクジュソウの花は、虫を誘うために、いい香りを漂わせることもなく、おいしい蜜を準備することもなく、虫を誘います。その方法は、開いた花が、電波を集めやすい反射面をもつパラボラアンテナのような形で、**太陽の動きに合わせてその姿を追う**ことです。

夜、花は閉じていますが、朝、明るい太陽の光が当たると、光沢のある輝くように黄色い花びらが開きます。そして、太陽の姿を追って、太陽の光をまともに受け、太陽の光の熱を吸収し、花の中の温度は上がります。花の中の温度が上がると、まだ寒い季節ですから、昆虫たちは、**花の中の暖かさを求めて、この花に寄ってきます**。このおかげで、この花は昆虫に花粉を運んでもらえるのです。

なぜフクジュソウは葉っぱよりも先に花が咲く？

フクジュソウはもう1つ、その花が目立つための努力をしています。**葉っぱもでないうちに、花が咲く**のです。

多くの植物は、葉っぱがでたあとに花を咲かせますが、これは花が咲いたあとに、タネや実をつくらねばならないからです。

タネや実をつくるための栄養は、葉っぱが茂って光合成をして蓄えられます。そのため、花が咲くより先に葉っぱがでて、光合成をしているのです。

フクジュソウが、葉っぱがでるより前に花を咲かせることができるのは、**土の中の地下茎に栄養を蓄えている**からです。

「葉っぱがでる前に花が咲くと、どんないいことがあるのか？」との疑問があります。その答えは、**花が目立つ**ことです。葉っぱがない状態で花が咲けば、葉っぱが茂ったあとで咲く花よりも花が目立ちます。花粉を運ぶ昆虫たちに、「ここに花が咲いているよ」と強くアピールできるのです。

フクジュソウ。寒い中では、虫は暖かさを求めて花にくるのです。フクジュソウの花が虫たちをもてなす「暖かさ」は、甘い蜜の味をしのぐということなのでしょう。フクジュソウは、心の暖かさの大切さを、私たちに教えてくれているようです。

58 たくさんの花を一斉に咲かせて虫にサプライズ！ ～ソメイヨシノ

前項で紹介したフクジュソウと同じように、葉っぱがでる前に花を咲かせる植物は多くあります。**ソメイヨシノ**などは、葉っぱがでるより前に花が咲きます。まるで、枯れ木に花が咲いたようになります。葉っぱがでる前に花が咲けば、葉っぱが1枚もないので、咲いた花は目立ちます。

春早くに活動をはじめた虫や小鳥たちには、葉っぱのない樹木は枯れ木に見えているかもしれません。枯れ木だと思っていた木が、暖かくなって、突然、パッと美しくきれいな花をたくさん咲かせると、虫や小鳥たちは驚くはずです。**驚かせれば、目立ちます**。

ですから、虫や小鳥たちを誘い込むことができ、花粉を運んでもらえます。なるべく春の早くに、葉っぱもないうちに、花を咲かせることは、目立つのに役に立つのです。

ソメイヨシノは、葉っぱがでるより前に花を咲かせるだけでなく、**花を一斉にパッと咲かせることで、「華やかさ」を演出**します。何日もかけて、花がぽつぽつと咲くよりは、短い期間に一斉にパッと咲くほうが、華やかさは増します。

ソメイヨシノの開花が華やかなもう1つの演出は、咲かせるときの**花の個数**です。これは、半端な数ではありません。満開の桜の花の個数を数えられた方はあまりいないでしょうが、機会があれば、大きなソメイヨシノの木が満開で花を咲かせているとき、花の個数をぜひ数えてみてください（数え切ることはできないでしょうから、根を詰めて数えないでください）。1本の木に10万個を超えることも珍しくありません。

ソメイヨシノ。一斉に花が咲き、「世の中は三日見ぬ間の桜かな」といわれるように、一斉に花が散っていきます。私たちには名残惜しいので、残念なのですが、これがソメイヨシノの生き方なのかもわかりません。

59 小さな花でも集まれば「大きな花」
～タンポポ、ヒマワリ、アザミ

子孫を残すために、虫を誘い込む競争にのぞむ植物たちは、目立つために、自分たちの魅力を一段と高めるために、個性を磨き、魅力を高める工夫を凝らしています。そんな植物たちの代表は、小さな花が集まり、一緒になって目立つ花を咲かせる**キク科**の植物です。

キク科の代表的な植物は、**タンポポ**です。私たちが普通に「タンポポの花」というのは、1つの花ではなく、多くの花の集まりです。花びらのように見える1枚1枚が、1つ1つの花なのです。

タンポポ。1つの花ではなく、多くの花の集まりです。舌状花が集まって頭状花となっています。

アザミ。舌状花はなく、筒状花（管状花）が集まって頭状花となっています。

ヒマワリ。大きな舌状花で筒状花（管状花）を囲んでいます。

ナノハナ。黄色の花がいくつか集まって大きな花のようになって咲けば、虫たちに「ここに花が咲いているよ」と強くアピールできます。

1つの花びらをつまみだすと、オシベ、メシベがそろっています。この花の1枚の花びらが、平らで「舌」のように見えるので、**舌状花**（ぜつじょうか）といいます。

もし、細長い花びらを1枚だけもっている花が、1つだけ咲いていても目立ちません。そこで、これらの小さい花が集まって大きな花に見せているのです。これを**頭花**、あるいは**頭状花**といいます。頭状花を咲かせるのは、キク科の植物の特徴の1つです。

コスモス、ヒマワリ、ツワブキ、マーガレットなどの花は、花のまわりに、花びらのように見える舌状花があります。ハルジオンやヒメジョオンも同じタイプの花です。舌状花に囲まれて、管のような筒状の小さな花が、何十個、何百個と集まって、頭状花ができています。これらの管のような筒状の小さな花は、**筒状花**（とうじょうか）、あるいは**管状花**（かんじょうか）とよばれます。これらの花では、**舌状花が花びらのように並んで虫に目立ち、中央部の筒状花がタネをつくる**という役割分担をしています。

フキやアザミも、キク科の植物です。だから、花は多くの小さな花が集まった頭状花です。ところが、これらの花には、花びらのようなものは見当たりません。フキやアザミには、舌状花はありません。**小さな筒状花が集まって目立つ花、すなわち頭状花になっている**のです。

小さな花が集まって、大きな花のように目立たせるのは、キク科の植物だけではありません。アブラナ科の**ナノハナ**は、1つ1つの花が小さいので、離れて咲いていると、遠くから見たとき、虫にはあまり目立ちません。それでは、ナノハナは困ります。だから、**小さい黄色の花が、丸い房のように集まって咲く**のです。

60 「メス」に似た花で「オス」を誘い込む ～ビーオーキッド

「植物は、虫を誘うために悪知恵をはたらかせる」といわれることがあります。悪知恵というより、「工夫を凝らす」とか「知恵をはたらかせる」という表現のほうがふさわしいのですが。

悪知恵をはたらかせるとして例にあげられ、「**偽装する**」と表現される植物の代表は、**ビーオーキッド**という植物です。ビーはハチのことで、オーキッドは植物の**ラン**のことです。

ビーオーキッドの花の姿は、ハチの一種、**ハナバチのメス**に似せているのです。羽の形、お尻の毛のつき方など、細かいところまで、ハナバチのメスに似ています。なぜ、そこまでハナバチのメスに似せているのでしょうか？

ハナバチのオスは、ハナバチのメスの上に乗って交尾する習

ビーオーキッド。原産地は地中海沿岸地方で、花期は４～５月です。
写真：Bildagentur zoonar GmbH

性があります。ビーオーキッドは、花をハナバチのメスと勘違いさせて、ハナバチのオスを誘い込むために似せているのです。

やってくるハナバチのオスは、ビーオーキッドの花をハナバチのメスと思い込み、からだを動かして「合体しよう」とします。これは、**ビーオーキッドの巧みな誘惑の罠にはまってしまった姿**です。すると、からだを動かしているハナバチのオスの頭に、黄色いものが付着します。これは、**ビーオーキッドの花粉の塊**です。必死に交尾しようとしている間に、頭についてしまうのです。

「合体しよう」という思いを遂げられなかったオスのハナバチは、別のメスのハナバチを求めて旅立ちます。しかし、行き着く先は再び、メスに似せているビーオーキッドの花です。また、ハナバチはだまされて、「合体しよう」とからだを懸命に動かします。このとき、先ほど頭についた花粉の塊が、この花のメシベにつき、**受粉が成立**します。こうして、ビーオーキッドは、花の姿をメスバチに擬態することでハナバチを欺き、子孫を残すことに成功するのです。

ハナバチの一種。メスの偽物にだまされて、ビーオーキッドの花粉を知らず知らずのうちに運びます。

61 地味な「花」が豪華な「苞」で華やかに！ ～ハナミズキ

植物たちは、健全な子孫を残すために虫や鳥を誘い、花粉を運んでもらわなければなりません。そのため、植物たちは花に**華やかさを演出**しなければなりません。その代表が、**58**で紹介したようにソメイヨシノでした。

華やかなサクラの花の季節が終わると、それに代わって、春の明るさを感じさせてくれる植物は、**ハナミズキ**です。街路樹として、また、公園や家の庭の花木として、白色あるいは淡紅色の花を美しく咲かせる、人気の高い樹木です。

ハナミズキの原産地は米国で、バージニア州の「州の花」に選ばれています。米国から日本にきたのですが、日本の**ヤマボウシ**に似ているので、「アメリカヤマボウシ」ともいわれます。英語名は「dog wood（ドッグ・ウッド）」です。ハナミズキの樹皮をせんじた汁が、イヌの皮膚病の治療に用いられたり、イヌのノミ退治に使われたりしたようです。イヌを飼うのに役立つ木という意味で、「イヌの木」という名前がついているのです。

ハナミズキが春の陽光を受けて大きく開く様子は、見る人々の気持ちを明るくしてくれます。しかし、ハナミズキの花できれいに色づいているのは花びらではなく、「苞（ほう）」なのです。苞とは本来、花の下の方につく小さな葉っぱです。**ハナミズキの本当の花は、苞に包まれている小さなツブツブ**です。本当の花のまわりを、色がついた大きな苞（苞葉ともいう）が、花びらのように取り囲んで、花を目立たせているのです。

このように、苞を花びらのようにして花を目立たせている植物は多くあります。たとえば、ドクダミやミズバショウで、白い大きな花の花びらに見えるのは苞です。また、ブーゲンビリアで、派手な色の花びらに見えるのも、やっぱり苞なのです。

ハナミズキの苞（ほう）。ハナミズキが咲かせている明るい淡紅色の花を見ると、思わず「きれいな色の花びらだ」という言葉がでます。でもそのようなとき、「それは花びらではないよ」といわれることがあります。

ドクダミ（上）、ミズバショウ（右）。これらの植物は、苞を使って目立たない花を大きく見せているのです。

62 花の構造は、「スズメガ」専用 ～オシロイバナ

夏の夕方に花を咲かせる植物に、**オシロイバナ**があります。オシロイバナは、夕方、一斉に花が開きます。花が開いたとき、メシベはオシベより長く伸びだして、自分のオシベには目もくれていないように見えます。「暗くなる夜に向かって花を開いて、花粉を運んでくれる虫は寄ってくるのだろうか？」と心配になります。

しかし、自然の中にはいろいろな虫がいます。虫と植物とは長いつきあいをしてきており、歴史があります。夕方、暗くなるころから、オシロイバナの花が咲くのに合わせるように、活動をはじめる**夜行性の虫**がいるのです。**スズメガの仲間**です。

オシロイバナの花は、ラッパのように先端が広がっていて、蜜はだんだん細くなる筒状の奥にあります。「ラッパ状の広い部分に近づいたスズメガのからだは大きいので、花の中には入れず、蜜まで口が届かないので、あきらめて他の植物の花

オシロイバナ。植物たちの「婚活」とは、「虫との偶然の出会い」という印象があります。でもオシロイバナとスズメガの関係を見ると、そんなものではなく、長いつきあいで培われてきたつながりの中で、植物たちは虫と共存、共生してきているのがわかります。

に行ってしまうのではないか？」という心配があります。

ところが、**スズメガの仲間の口は細く長く伸び、花の先端の広い部分から、花の奥にある蜜を吸うことができる**のです。オシロイバナは、口の長いスズメガの仲間が夜に活動することを知っていて、それに合わせて花を咲かせているように思えます。

花の咲く時間とスズメガの活動時間が合い、花の形がスズメガの口に合うように都合よくできているのです。逆にいえば、多くの虫は、夜に活動せず、細く長い口をもたないので、オシロイバナの花粉を運ぶのに役に立たないということです。

オシロイバナは、スズメガがいなくては、花粉を運んでもらえないでしょう。一方、夜行性のスズメガにしても、夜に、自分の細く長い口に合う花を咲かせてくれるオシロイバナがいなければ、次の世代へ自分の命をつないで、生きていくのはむずかしいでしょう。**オシロイバナとスズメガは、助け合って生きているように、相性がいい**のです。

オシロバナの蜜を吸うスズメガ

植物たちと虫たちが、長い歴史を経て、ともに利益をもたらすパートナーとして、お互いが結びついて、仲良しになっているのでしょう。

63 「香り」という「飛び道具」で虫を誘う ～ジンチョウゲ、クチナシ、キンモクセイ

本章の「(1) 花の『魅力』を競う！」で紹介したように、ハチやチョウを誘う競争のために花の「色」「香り」「蜜」が大切ですが、この中でも、**香り**は最も強力な手段です。なぜなら、**遠くに漂ってくれる**からです。虫を誘うための花の色、香り、蜜の中では、**香りは飛び道具**なのです。

香りを漂わせることで、「ここに花が咲いているよ」と、虫たちに知らせる代表的な植物たちを紹介します。春に花咲くジンチョウゲ、初夏に花咲くクチナシ、秋に花咲くキンモクセイです。

ジンチョウゲ。

ジンチョウゲは、中国名で「七里香」とよばれます。「その花の香りは、七里漂う」というのです。中国だと1里は400〜500mですから、香りが2,800〜3,500mも飛ぶという意味です。

クチナシ。

キンモクセイ。この3つの花は、強い香りがよく漂う「三大芳香花」とよばれています。

クチナシの花の甘い香りは、「旅路の果てまでついてくる」と歌われます。クチナシの英語名は「ケープ・ジャスミン」で、ジャスミンのような香りが強調されています。

キンモクセイは、中国名で「九里香」といいます。「その花の香りは、九里漂う」という意味です。ですから、香りが3,600〜4,500mくらい漂うことになります。キンモクセイは、英語名でも「フレグランス・オリーブ」という名前がついています。「フレグランス」は「良い香り」という意味です。

夜に咲く花は香りが強い

「いい香りがたっぷりと漂う様子」を表すのに、「馥郁（ふくいく）」という語が使われます。この言葉が最もふさわしいのが、**ウメ**の花です。

そのほか、香水に使われるバラや、夜に甘い芳香を漂わせるゲッカビジンなどの花の香りは、よく漂うことが知られています。ラベンダーの花のやさしい香り、初夏を感じさせる少し酸っぱい感じのするクリの花の香りなど、香りにはいろいろな種類があります。

ユリは、強い香りを放つ品種が多いです。その中でも「ユリの女王」といわれる真っ白の**カサブランカ**の香りは、たいへん強いものです。

夜の真っ暗な中で、花を咲かせる植物があります。ツキミソウ、オシロイバナ、ゲッカビジンなどです。これらは、花びらがどんなに美しくきれいな色をしていても、真っ暗な中なので、虫たちに目立ちません。そんなとき、これらの植物たちの花がいい香りを放てば、虫たちは香りに誘われてやってくるでしょう。

だから、**夜の暗い時間に咲く花は、香りが強い**という傾向があります。**ジャスミン**の花は、「咲いたばかりの夕暮れに、強い香りを放つ」といわれます。花が元気なうちに虫たちを誘い込み、花粉を運んでもらうためでしょう。

多くの花の中でも、特にウメの花は、「馥郁とした香りが漂う」と形容されます。

カサブランカ。レストランなどでは、料理の味や香りより目立って主役になってしまうため、敬遠されることもあります。

第5章

「生き残る」ため

私の専門分野は「**植物生理学**」です。あまり聞きなれない言葉なので、「どのような学問ですか?」と聞かれることがあります。「『植物の生き方』を知ろうとする分野です」と答えます。すると、「植物に、生き方って、あるのですか?」と驚かれます。

多くの植物が同じ生き方をしているはずがありません。それぞれの植物がいろいろな知恵をめぐらせ工夫を凝らして生きていることは、すでに紹介してきたとおりです。

ですから、「もちろん、私たち人間にそれぞれの生き方があるように、植物にも、それぞれの生き方があるのです」というと、納得してくれる人もいます。でも「植物も生き方がそれぞれ違っているのですか?」と怪訝な表情になる人があります。

そこで、「じゃあ、植物ってどんなものだと思っておられますか?」と聞いてみます。すると多くの場合、答えは、ほぼ決まっ

の戦い

ています。

「植物は、タネから発芽し、根を土に生やし、水や養分を吸っています。緑の葉っぱがでてきて、それが光合成をして栄養をつくります。やがて、きれいな花を咲かせ、多くのタネをつくって増えます」というものです。

このように思われても、誤りではありません。これは植物の最大公約数的な性質にすぎません。揚げ足を取るわけではありませんが、ここにあげられた性質の１つ１つについて、植物によってそれぞれ違いがあります。

本章では、「植物とはこういうもの」と思われている偏見に対し、それぞれの植物たちが「どのように生き残るための工夫をしているのか」という、その生き方を紹介します。

64 弱点もある「無性生殖」のメリットとは？ ～ジャガイモ、サツマイモ

「植物はタネをつくって増える」と思われがちですが、そんなことはありません（タネで増える植物も多いですが）。コケ植物やシダ植物は、花を咲かせません。ですから、タネはできません。コケ植物やシダ植物は、**胞子**で増えるのです。

イモで増える植物もあります。「イモ」という言葉は、「植物の根や地下茎が肥大して、養分を蓄えたもの」に使われます。身近なものでは、ジャガイモやサツマイモです。

ジャガイモの食用部は、地中から掘りだされますが**茎**なのです。茎に栄養が蓄えられて、かたまりとなって肥大しているので、ジャガイモのイモは「**塊茎**（かいけい）」とよばれます。それに対し、サツマイモの食用部分は**根**です。根に栄養が蓄えられて、かたまりとなって肥大したもので、サツマイモのイモは「**塊根**（かいこん）」とよばれます。

ジャガイモとサツマイモには、同じイモであっても茎と根という違いがあります。しかし、茎であっても、根であっても、食用部のイモの部分から、新しい芽がでてくることは共通しています。このようにして生まれた芽は、1つの個体として成長します。

このような方法で、新しい個体が生まれてくる増え方は、「**無性生殖**」といわれます。**オスとメスという性が関与していない生殖方法**だからです。花は、植物の生殖器であり、植物では、オスの生殖器官はオシベであり、メスの生殖器官はメシベです。無性生殖の対語は、**有性生殖**であり、オスとメスが合体して子孫をつくる方法です。

無性生殖では、親とまったく同じ性質の**分身**が生まれます。

「暑さに強い」「乾燥に強い」「ある病気にかかりやすい」というような遺伝的な性質は変化せず、親から子へ伝わります。生物の生殖にとって、同じような性質の子孫ばかりを残すのは好ましくありません。でも、この生殖方法により、**ハチやチョウなどのお世話になって花粉を運んでもらわなくても、確実に、次の世代へ命をつないでいく**ことができます。

無性生殖を利用すると、同じ味、形、大きさのイモをつくるジャガイモやサツマイモの芽生えが得られます。また、イモの部分に栄養がありますから、タネから芽生えが育つより早く育ちます。

ジャガイモ（左）、サツマイモ（上）。私たち人間は、種イモから芽生えを成長させるという、無性生殖による栽培方法を使います。無性生殖で増えるのは、植物の生き方の１つです。

65 なぜ「タネ」ではなく「球根」で栽培されるのか? ～チューリップ①

タネではなく、**球根**で増える植物もあります。その代表が、**チューリップ**です。チューリップは、タネではなく、球根を植えて栽培します。でも、チューリップにタネができないわけではありません。ですから、しようと思えば、タネから栽培することも可能です。でも普通、タネからは栽培しません。チューリップがタネで栽培されない理由を紹介しましょう。

1つ目は、タネで栽培すると、**タネをまいてから花が咲くまでに長い年月がかかる**からです。市販されている球根を買ってきて秋に植えれば、次の年の春には、必ず花が咲きます。これは、翌年の春には花が咲くはずの球根が選ばれて売られているからです。

チューリップのツボミは球根の中でつくられますが、大きく成長して肥大した球根の中でしかつくられません。私たちが目にするチューリップの球根は、品種にもよりますが、ピンポン玉より少し小さいくらいの大きさです。このくらいの大きさの球根にならなければ、チューリップは花を咲かせることができません。ところが、**タネをまいて球根をこの大きさにまで育てるには、長い年月がかかる**のです。

チューリップは、春に葉っぱを地上にだします。この葉っぱが、根から吸収される水と、空気中の二酸化炭素を材料に、太陽の光を使って光合成し、栄養をつくりだします。球根はつくられた栄養を蓄えて、毎年、徐々に大きくなります。

しかし、春に地上にでた緑の葉っぱは寿命が短く、夏には枯れます。ですから、**球根を大きく成長させるための光合成を**

行う期間は、春から初夏までと、ごく短いのです。この短い期間に、葉っぱは光合成し、地中の球根に光合成の産物が蓄えられるのです。そのため、ツボミをつくるほどの大きさの球根になるためには、長い年月がかかります。

チューリップをタネから育てない理由は、もう1つあります。**次項**で紹介します。

チューリップのタネ（右上）と球根（上）。タネから栽培して、大きな球根をつくるまでにかかる年月は、栽培の技術や、タネが植えられて育てられる場所の日当たり、土の肥沃度によっても異なりますが、普通、タネが発芽してから５～６年はかかります。

66 子孫繁栄に欠かせない、「自家不和合性」～チューリップ②

チューリップにはタネがあるのに、タネから栽培しないもう1つの理由は、「**自家不和合性**（じかふわごうせい）」という性質があるからです。これは、「自分の花粉がメシベについてもタネをつくらず、他の品種の花粉がメシベにつくとタネをつくる」という性質です。

だから、チューリップのタネは、**他の品種の花粉がついてできている**のです。そのため、タネから栽培されると、予想しない色や形、大きさの花が咲いたり、草丈が違ったりします。

チューリップは多種多様な子孫を残すために、「自家不和合性」という性質をもっています。本来、チューリップの花にさまざまなタイプがあるのは、そのためです。

チューリップでは、区画を決めて、花の色や形が同じで、草丈や大きさがそろうことが期待されて栽培されます。ですから、タネからの栽培は望まれないのです。

一方、球根で増やせば、その球根をつくった株と同じ性質のチューリップが育ちます。ですから、どのような花の色や形、大きさ、草丈のチューリップが育つかを予想できるのです。

チューリップがタネから栽培されずに球根で栽培されるのは、長い期間がかかること以外に、これも理由です。

立派な球根をつくるために花を切り落とす

「チューリップにはタネができるというけれど、タネを見かけないではないか」との疑問があります。しかし、チューリップが花を咲かせたあとも、鉢植えや花壇で栽培を続けているとタネはできます。

あまりタネを見かけない理由の1つは、私たちが見るチューリップには**切り花**が多いことです。切り花の場合は、花がしおれると捨てられてしまうため、タネができるのを見ることはないのです。

もう1つの理由は、鉢植えや花壇で栽培されている場合でも、花がしおれると切り落とされることが多いからです。球根を収穫するためにチューリップを栽培している生産者は、花が咲けばどんな花が咲くのかを確認し、花びらなどに病気の兆候がないのを見届けて、花を切り落とします。タネができはじめると、球根を肥大させるはずの栄養が、タネをつくるために使われます。すると、立派な大きい球根ができません。だから、**花は切り落としてしまう**のです。このような理由で、チューリップのタネを見ることは少ないのです。

67 「タネ」ではなく、「球根」で増えるワケ ～ヒガンバナ③

植物は「タネで増える」といわれますが、コケ植物やシダ植物は、タネでなく胞子で増えます。タネをつくらない植物は、身近に多くあります。その代表の1つは**ヒガンバナ**です。

ヒガンバナは、鮮やかな色の花を放射状に広げて、花粉を運んでくれる虫たちを誘います。しかし、どんなに多くの虫を誘っても、日本のヒガンバナにタネはできません。日本のヒガンバナは、「**三倍体**」だからです。

三倍体について説明しましょう。親から子へ伝えられる遺伝子は、**染色体**というものに乗っています。染色体の本数は、生物の種類によって決まっています。

私たち人間の場合は46本です。この46本のうち、半分の23本は、1セットとして父親から受け継がれたもので、残りの23本は、1セットとして母親から受け継がれたものです。このように多くの生物種は、父親と母親から1セットずつの染色体を受け継ぎ、**2セットの染色体**をもっています。2セットの染色体をもつものを「**二倍体**」といいます。

三倍体は配偶子がきれいに2つに分かれない

ところが、自然の中で突然、3セットの染色体をもつものができることがあります。これが**三倍体**です。2セットの染色体をもつ二倍体の植物なら、卵や精細胞(多くの植物では動物の精子に当たるものは精細胞とよばれます)などの**配偶子**を生殖のためにつくるとき、染色体をきちんと半分に分けて、1セットずつをもつ配偶子ができます。しかし、**三倍体の場合は、き**

れいに半分に分かれないので、正常な配偶子がつくられません。そのために、タネができず、「タネなし」になってしまいます。これが、タネのできない理由です。

しかし、三倍体でタネができなくても、ヒガンバナは球根で生き抜いてきました。タネができない植物は他にも**シャガ**があります。シャガはアヤメ科の草花で、中国が原産地です。とはいえ、かなり古くに日本に入ってきている植物なので、日本にも自生地があり、「日本生まれ」とされています。学名は、「アイリス　ヤポニカ」です。「アイリス」はアヤメ属の植物であることを示します。ギリシャ語のアイリスが「虹」を指し、虹のような色の入り混じった白紫色の花を咲かせます。葉っぱは、冬でも枯れることはなく、緑の艶を保っています。花は、初夏に咲きますが、タネはつくりません。**三倍体だから**です。シャガは、地下茎で増え、群生して生き抜いてきました。

三倍体でタネができない理由

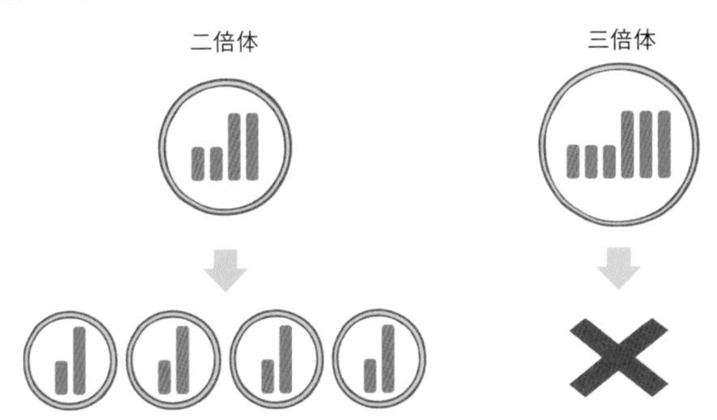

多くの生物種が、父親と母親から1セットずつの染色体を受け継ぎ、2セットの染色体をもつ「2倍体」です。ところが、自然の中で突然に、3セットの染色体をもつ生物ができることがあります。これが「3倍体」です。2セットの染色体をもつ2倍体の植物は、配偶子をつくるときにきちんと半分に分けて、1セットずつをもつ配偶子ができます。しかし「3倍体」の場合は、きれいに半分に分かれないので、正常な配偶子がつくられません。そのためにタネができず、「タネなし」になります。

68 タネをつくらない「三倍体」や「五倍体」 ～オニユリ、ヤブカンゾウ、ミョウガ

タネをつくらなくても生き抜いてきている植物たちは、まだまだたくさんあります。ここでは、オニユリ、ヤブカンゾウ、ミョウガを紹介します。

オニユリはユリ科の植物で、夏に花は咲きますが、三倍体のため、タネはできません。それでも群生しているのは、オニユリが**子どもをつくる秘密の力をもっている**からです。

オニユリは、茎からでている葉っぱのつけ根の部分に、球状の果実のようなものができます。これは**ムカゴ**とよばれます。ムカゴは果実ではありませんが、栄養が込められており、地上に落ちると、芽生えに成長します。ムカゴは、無性生殖でつくら

オニユリ。中国が原産地ですが、日本全土に群生しています。茎からでている葉っぱのつけ根の部分にある球状の果実のようなものがムカゴです。

ヤブカンゾウの花。日本のあちこちの野山に生育します。

れるものです。また、オニユリはユリの仲間ですから、球根でも増えます。

ヤブカンゾウは、ユリ科の植物で、夏には1m近い花茎を伸ばし、その先端にオレンジ色の美しい花を咲かせます。でも、三倍体なのでタネはできません。ヤブカンゾウは球根で増えます。

ミョウガは、ショウガ科に属し、熱帯アジア原産とされることもありますが、日本や中国などの東アジアが原産地ともいわれています。地上には、赤い皮に包まれた白い花びらをもつ花のツボミが顔をだします。この部分は、たいへん香り高く、そうめんや冷ややっこの薬味によく使われます。香りの主な成分は、**アルファーピネン**などです。

ミョウガには花が咲きますが、タネはできません。その理由は、ミョウガが**五倍体**だからです。五倍体の場合は、三倍体の場合と同じように、遺伝子のセットがきれいに半分に分けられないので、正常な卵細胞がつくられないのです。そのため、タネなしになってしまいます。**ミョウガは地下茎で増える植物**です。

ミョウガは地下茎で増えます。江戸時代に日本からヨーロッパに紹介されたので、英語では日本語のまま「ミョウガ(myoga)」といわれたり、「ジャパニーズ・ジンジャー」とよばれたりします。ジンジャーはショウガのことですから、「日本のショウガ」という意味です。

69 人間に栽培されて生き残るのも、1つの方法？ ～温州ミカン

前項では、タネをつくらない植物として、あまり身近でない植物を紹介しました。タネをつくらない植物なら、身近に**タネなしフルーツ**があります。実は、タネなしフルーツの多くは、人間が栽培しているものであり、「植物自身の生き方」とはいえません。たとえば、**タネなしブドウ**は、人間が**ジベレリン**という物質を使って人為的につくりだしているものです。

また、普通に「ミカン」とよばれるのは、**温州（うんしゅう）ミカン**です。これには、タネがありません。ですから、温州ミカンは、人間が栽培しなければ、途絶えます。温州ミカンの苗木は、人間が接ぎ木という方法で栽培しているのです。皮をむきやすく、おいしく、健康にもよいので、私たち人間に好かれて、栽培されているのです。**人間に栽培されて生き残るというのは、植物が生存競争を生き抜く1つの方法**かもしれません。

普通の植物は、タネができると果実が大きくなります。その

ミカンの花。温州ミカンのメシベはタネをつくる力をもっています。

温州ミカン。オシベの花粉はタネをつくる能力をなくしています。

ため、「なぜ、タネができないのに温州ミカンの果実は大きくなるのか？」との疑問がおこります。これは、**タネができなくても、果実が大きくなる性質**があるからです。これを**単為結果**、**単為結実**とよびます。この性質が、温州ミカンをはじめ、バナナ、パイナップルなどにあるのです。

タネがない温州ミカンでも、自らがタネをつくることを放棄したわけではありません。**花粉がタネをつくる能力をなくしたので、タネができないだけ**です。メシベはタネをつくる力をもっています。ですから、**他の品種の花粉がつけば、タネはできます**。その例が、「**清見**」という品種で、「宮川早生」という温州ミカンに「トロビタオレンジ」の花粉をつけて生みだされたものです。その後、清見は「ポンカン」と交配して「デコポン」という柑橘類を生みだしています。

温州ミカンのメシベはタネをつくる力があることを示す系統図

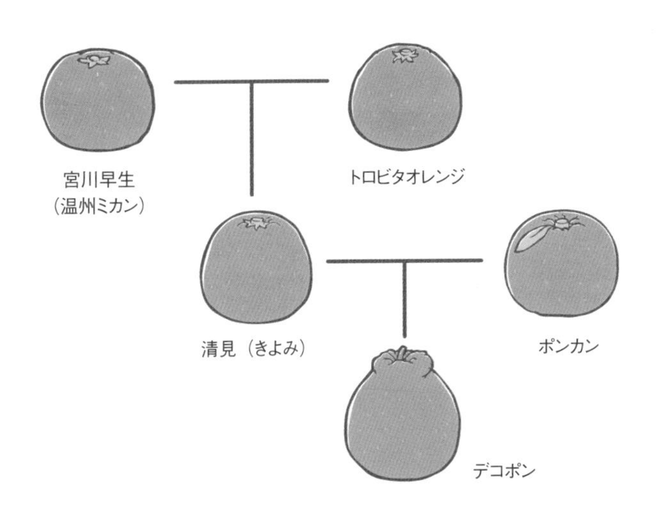

70「栄養満点」の生活排水で大繁殖 ～ホテイアオイ

植物は、「根を土に生やし、水や養分を吸っている」と思われていますが、**根を土に生やさない植物**も多くあります。ホテイアオイやウキクサなど、**水に浮かんで生きている植物**たちです。これらは根をもたないわけではありませんが、必ずしも、根を土に生やしません。

ホテイアオイの原産地は、南アメリカです。葉っぱの柄のもとが、七福神の1つである布袋(ほてい)様のおなかのように膨らんで浮き袋になり、水に浮く水草です。葉っぱは、アオイという植物の葉っぱの形に似ています。そのため、ホテイアオイという名前になっています。その姿から、一度知れば名前を忘れることのない植物です。英語名は、「ウォーターヒヤシンス」です。

ホテイアオイは、家庭の金魚鉢や水槽に浮かべられ、観賞用の水草として栽培される、小さくてかわいい植物です。金魚鉢や水槽で長い間栽培されていても、数十cm以上には大きくならないし、どんどん増えることもありません。

しかし、ホテイアオイは、**川や池や湖に育って野生化すると旺盛な繁殖力を発揮**します。2m以上の背丈に成長し、どんどん増えるため、狭い水路などをふさいでしまいます。全国の水域、水路で、繁茂したホテイアオイを取り除くのがやっかいがられるような植物です。

でも、なぜ、金魚鉢や水槽に浮かべられているときには、背丈が伸びたり、増えたりしないのでしょうか？

その答えは、**金魚鉢や水槽には、ホテイアオイが成長するための養分が少ないから**です。金魚鉢や水槽には、ごくわずかの金魚の餌の残りや、金魚の排泄物ぐらいしか、養分になるものが含まれていません。それに対し、川や池、湖などには、一般家庭の生活排水が流れ込みます。また、工場から窒素やリンなどの養分を含んだ排水が流れ込んでくることもあります。そのため、**川や池、湖などには、ホテイアオイの成長に必要な多くの養分**が含まれています。そのような水の中で、ホテイアオイはこれらの養分を使って、旺盛に繁殖するのです。根を土に生やさなくても、ものすごく繁殖する植物はいるのです。

ホテイアオイ(右)。8月中旬から9月の中旬、奈良県橿原（かしはら）市にある本薬師寺（もとやくしじ）周辺の水田に、明るく淡い紫色の美しい花が一斉に咲きます（下)。このあたりには、約1万4,000株のホテイアオイが栽培されています。

71 つかまえた「宿主」を生かさず殺さず ～ネナシカズラ

前項で、「根を土に生やさない植物」を紹介しました。ところが、根を土に生やさないどころか、「**根を生やさない植物**」というのもいるのです。

「根も葉もない」という表現があります。何の根拠もないことを表すときに使います。「成長のもととなる根がなければ、その結果、生えるはずの葉っぱもない」という意味であり、「根も葉もない」植物など、存在しないと思われていたのでしょう。でも、実際には、根も葉っぱもない植物は存在するのです。

ネナシカズラという植物があります。根はなく、葉っぱはほとんど退化してしまっています。ヒルガオ科のツル性の植物です。他の植物の茎にまきついて、突起が他の植物の茎の中に吸いつくように入り込み、その植物から栄養を奪います。このように他の植物のからだにとりつき、そこから栄養を奪って生きる植物は、「**寄生植物**(きせい)」とよばれます。

栄養をとられる方を「**宿主**(しゅくしゅ)」といいます。宿主は栄養をとられるけれども、そのために枯れることは、多くの場合ありません。寄生植物は、**宿主が枯れるほど栄養を奪うと、自分も生きていけなくなりますから、根こそぎ栄養を奪うことはない**のです。

ネナシカズラは、細い茎をヒョロヒョロと伸ばします。ネナシカズラの葉っぱは、肉眼ではほとんど認められません。しかし、ネナシカズラに長い暗黒を与えると**ツボミを形成**します。ということは、ネナシカズラはツボミをつくるために必要な夜の暗黒を感じているのです。普通の植物は、ツボミをつくるために必要な夜の暗黒を、葉っぱで感じます。

ネナシカズラは、葉っぱの代わりにどの部分が夜を感受するかを調べると、茎であることがわかりました。茎といえどもかなり敏感で、長さがわずか1cmほどの茎が、1回の暗黒を感じてツボミをつくる能力をもつのです。

他の植物にまきつくネナシカズラ。寄生植物は自分の生き方をよく知り、「宿主から栄養を奪い尽くさない」という「わきまえ」を身につけて生きています。

72 葉っぱを「針」にして、乾燥地帯で生き延びる ～サボテン

「植物は、緑の葉っぱをもっている」と思われていますが、ネナシカズラは「緑の葉っぱをもたない」ことを前項で紹介しました。ここでは、**葉っぱが姿を変えてしまった植物**を紹介します。

強い太陽の光を受けると、植物たちは葉っぱから水を蒸発させます。植物たちは葉っぱから水を蒸発させると、からだを冷やすことができ、強い太陽の熱と暑さから、からだを守ることができるからです。そのためには、多くの水が必要です。

ところが、そんなに多くの水を使うことができない環境に生きる植物たちもいます。たとえば**サボテン**です。サボテンは、南北アメリカ大陸の乾燥した砂漠地帯の出身です。水の少ない砂漠という乾燥した場所では、なるべく水を蒸発させないように暮らさなければなりません。

そのため、サボテンは地上部のからだに水を保持するために、蒸発する水の量である**蒸散量を減少**させようとします。葉っぱの表面積を小さくするために葉っぱを針状化させ、**小さなトゲ**にしているのです。そして、茎の部分を**多肉**の状態にして、**水を蓄えて乾燥に耐える**ようになっています。**茎の部分が、葉っぱの役割を果たし、光合成をしている**のです。その部分では、水が容易に蒸発しないように、気孔の数を減らし、**パラフィン**のような物質を張りめぐらせています。そのため、サボテンなどの葉っぱには、**白く光るような艶（つや）**があります。

からだ全体に生えている細かい多くのトゲは、強い太陽の光が多肉の部分に直接当たることを防ぎます。また、乾燥した砂漠地帯では、夜は冷え込みがちなので、からだを覆うよう

なトゲは、からだの温度が急激に低下するのを避ける意味もあります。もちろん、これらのトゲは、多肉の部分を食べようとする動物からからだを守るのにも役立ちます。

サボテン。乾燥した砂漠地帯という厳しい環境の中で生き抜くために、独自の「知恵」をめぐらし、工夫を凝らしているのです。

73 「葉っぱ」に変化させた「茎」で水に浮かぶ ～ウキクサ

「根を土に生やさず生きている植物」として、70で「ホテイアオイ」や「ウキクサ」を挙げました。この**ウキクサ**は、もう1つの特徴をもっています。ウキクサは春から夏に、水田を一面の緑で覆い、池や沼に浮かび漂う小さな植物です。だから、漢字で「浮草」と書きます。ウキクサの増殖力は驚くほど大きく、池や水田にまばらに浮かぶウキクサは、しばらく日がたって、ふと気がつくと、一面を緑で覆っています。**実験室で育てると、2日間でほぼ3倍に増加**します。

小さな緑の植物ですが、手に取ってみると、卵型の小さな葉っぱが、3～4枚集まっています。親の葉っぱが、両側に1枚ずつ子どもの葉っぱをくっつけて、暮らしているのです。葉っぱのように見えるのは、**「葉状体」**とよばれる**茎が変化したもの**です。これが水面に浮かび、その下に、根が伸びています。ウキクサは、茎を葉っぱに変えて生き抜いているのです。

葉状体は表面に気孔をもち、光合成を営み、葉っぱの役割

ウキクサ。1枚の葉状体には、2つのポケットとよばれる部分があり、そこから、子どもの葉状体が次々と生まれます。そのため、葉状体は1枚の状態で存在することはほとんどなく、親や子ども、孫などのいくつかの世代がつながって生活しています。

を果たしています。水面に浮かぶ葉状体には、表にだけ気孔があります。気孔が、空気中の二酸化炭素を吸収することや、空気中に水蒸気を蒸散させる役割を考えれば、水面に浮かぶ葉っぱの場合、裏にあっても何の役にも立たないからです。

「花の咲かない浮草に」と歌われるほど、ウキクサが花を咲かせることは知られていません。しかし、**ウキクサにも花は咲く**のです。自然の中でもていねいに観察していれば、春から秋にかけて、水面上に飛びだした白や黄色の花を、肉眼で見ることができます。白や黄色は花粉の色です。ウキクサの花に花びらはありません。

よく見かけるのは、葉状体が少し小さめのウキクサと、葉状体がもう少し大きくしっかりしたウキクサの2種類があります。前者は、1つの葉状体に**根が1本**、後者の葉状体には、**根が複数本**あります。小さいほうは**アオウキクサ**であり、大きいほうはウキクサです。しかし、この2種が区別してよばれることはあまりなく、どちらもウキクサとよばれています。

2種類のウキクサ

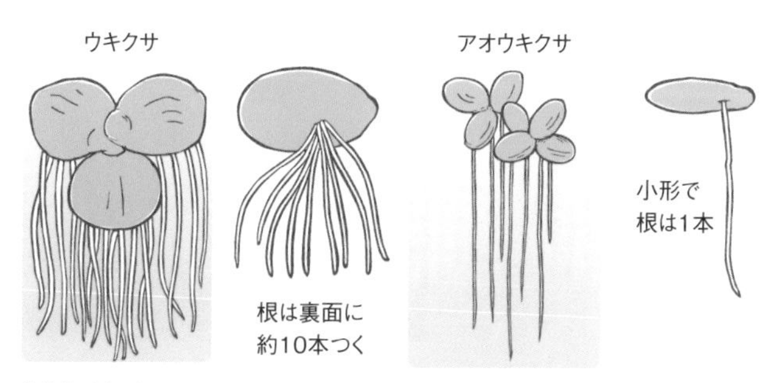

葉状体が少し大きくしっかりしていて、根が約10本あるのがウキクサです。それに対し、葉状体が少し小さめで、1つの葉状体に根が1本のものがアオウキクサです。

74 光合成を捨てて「菌と共生」する道を選択 ～ギンリョウソウ、ツチアケビ、オモトソウ

多くの植物は、根から吸収した水と空気中から取り込んだ二酸化炭素を材料にして、太陽の光のエネルギーを利用し、生命を保ち、成長するために必要な栄養を葉っぱでつくります。この反応が光合成です。ですから、「植物は、光合成をして栄養をつくる」と思われていても不思議ではありません。

ところが、**光合成をせずに根から栄養を取り込む植物**がいます。これらは、土壌中にある生物の遺体や排泄物、また、それらの分解物などを栄養として成長すると考えられ、これまで「腐生（ふせい）植物」とよばれていました。

腐生植物は、自分自身で生物の遺体や排泄物、また、それらの分解物などを摂取する能力はなく、これらから栄養を摂取できる**菌類が根に共存**しています。そのため近年は、「菌に依存して生きている植物」という意味で、**菌従属栄養植物**といわれるようになりました。

その例としては、**ギンリョウソウ**や**ツチアケビ**、それに2017年7月、沖縄県の石垣島で発見され、話題になった**オモトソウ**などが、よく知られています。これらの植物は、光合成をしないので、地上にでて、成長する

ギンリョウソウ。その花の色や形から、銀の竜（龍）に見立てられ、漢字では「銀竜（龍）草」と書かれます。

必要がありません。そのため、地上に姿を現すのは、花を咲かせ、果実を結実させるわずかな期間だけです。

たとえば、ギンリョウソウは、地上に姿を見せるまでは、地下で生活し、樹木の根や共生する菌類から栄養を摂取しています。春から夏にかけて地上に現れますが、光合成をしないので緑色のクロロフィルはなく、白色で全体に透明感があります。その姿は、高さ10cmくらいでキノコのように見えるため、「ユウレイタケ(幽霊茸)」ともいわれます。

では、「なぜ、光合成をしないのに、植物というのか？」との疑問が浮かびます。これらの菌従属栄養植物は、光合成をしないのですが、花を咲かせてタネをつくるからです。

オモトソウ。発見された場所である石垣市の於茂登岳（おもとだけ）の名前にちなんでいます。
出典：「新種の光合成をやめた植物を石垣島で発見」(Research at Kobe)、撮影：杉本嵩臣氏

ツチアケビ。背丈は高く、50cmを超え、1m近くになるものもあります。

75 光合成ができるのに寄生する「怠け者」 ～ヤドリギ

他の植物のからだにとりつき、そこから栄養を奪って生きる植物は、71で紹介したように「**寄生植物**」でした。寄生植物の中には、自分のクロロフィルで光合成ができるのに、他の生物から栄養を奪う**半寄生**のものもいます。このタイプの植物は、うまく寄生できなくても、自分の根を生やして、葉っぱで光合成をして生きていくことができます。ただしその場合、**きわめて成長が悪い**のです。このタイプの代表は、**ヤドリギ**です。

すべての栄養を完全に他の植物に依存するのは、**全寄生**といわれます。全寄生の代表は、71で紹介したネナシカズラがあげられます。たしかに、ネナシカズラは、普通の根をもたず、葉っぱは退化しており、ツルのような茎から、宿主に吸着する根をだしてからみつき、そこから栄養を奪います。ただ、ツルは緑色を帯びており、本当に全寄生かどうかは疑問です。

ヤドリギ。クリ、ブナ、サクラ、エノキなどに寄生します。

ラフレシアという植物があります。正式には「ラフレシア・

アーノルデイ」や「ラフレシア・ケイシ」といわれます。大きな花は、直径が約1m、重さが約7kgもあります。開いた花は、「腐った肉の臭い」と形容される匂いを放ち、私たち人間にはひどい悪臭に感じられます。この悪臭は、受粉のためにハエを誘う匂いです。だから、ハエたちには魅力的な香りなのです。

こんなに大きな花を咲かせるのに、ラフレシアは全寄生の植物です。**大きな花を咲かせるための栄養は、すべて寄生された植物が供給**しています。そのため、ラフレシア自身はツボミや花の姿を見せますが、茎も葉っぱもない奇妙な植物です。

なお、さまざまな「世界一」を記載するギネス・ブックでは、スマトラオオコンニャク(ショクダイオオコンニャク)が「世界一大きな花」とされています。この花の直径は1.5mに達します。ただ、この花は小さな花の集まりを大きな苞(ほう)で包んだもので、独立した花としては、ラフレシアが「世界一大きな花」とされます。本来、苞は花の下につく小さな葉っぱです。

ラフレシア。東南アジアのスマトラ島を原産地として熱帯アジアに育つ植物で、「世界一大きな花」を咲かせることが知られています。

76 バラ科でもキク科でもマメ科でもない被子植物 ～知られざる「巨大勢力」とは何か？

「植物はきれいな花を咲かせる」と思われがちです。しかし、コケ植物やシダ植物は、花を咲かせません。マツやスギ、ヒノキやイチョウなどの裸子植物は、花を咲かせますが、きれいな花を咲かせるわけではありません。ですから、**すべての植物が、きれいな花を咲かせるというわけではない**のです。

裸子植物から進化したのが被子植物で、被子植物の仲間は「きれいな花を咲かせる」と思われます。でも、そうでもないのです。「**花びらのない花**」を咲かせる植物たちがいるのです。

このようにいうと、多くの人は「どのような花だろう？」と考えて、「植物にはいろいろな種類があるのだから、たまたま、そのような植物があっても不思議ではない。そのような植物は、細々と生き続けている、珍しいものに違いない」と想像されます。

たしかに、被子植物にはいろいろありますが、その特徴から、よく似たもの同士が「仲間」として分類されます。バラ科、キク科、マメ科などの仲間がよく知られています。

バラ科の植物は、サクラ、ウメ、モモなどです。**キク科**の植物は、タンポポ、ヒマワリ、コスモスなどです。これらの花はよく知られた、きれいな花びらをもっています。**マメ科**の植物は、ダイズ、ラッカセイ、インゲンマメなどで、花が少し小さいですが、その姿は美しいものです。バラ科、キク科、マメ科などの花は、虫を誘うための魅力を備えています。その魅力の1つが花びらです。ところが、**次項**で紹介する花びらのない花を咲かせる植物の仲間は、これら3つの植物の仲間に優るとも劣らない大きなグループの被子植物なのです。

主な被子植物とその「属」の数

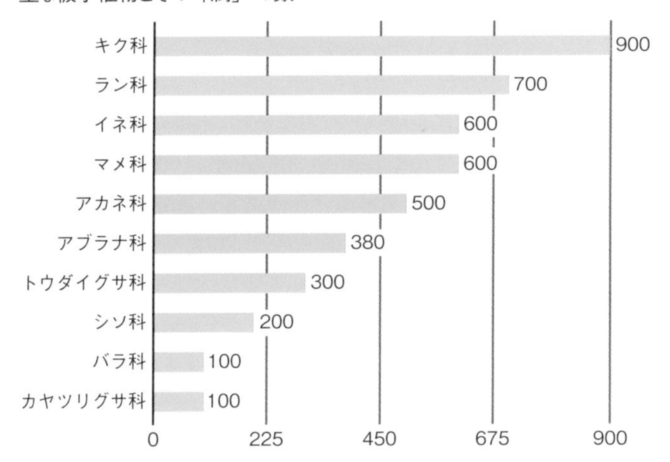

主な被子植物とその「種」の数

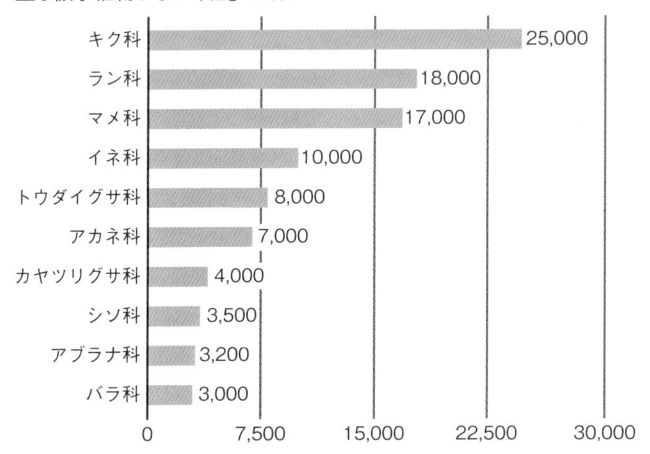

※植物名の表し方

生物の分類学上の階級には、上から「科」「属」「種」などがあります。その植物が属する科名が「科」で、「科」の下のグループ名が「属」です。「種」は、さらに下になり、植物名になります。たとえば、ナスは「ナス科、ナス属、ナス」で、トマトは「ナス科、ナス属、トマト」です。

77 「巨大勢力」はきれいな花に頼らない ～イネ、コムギ、トウモロコシ

前項で、「花びらのない花を咲かせる植物の仲間は大きなグループである」といいましたが、「そのような植物は、多くのタネを結実しないのではないか？」と疑問に思う人もいるでしょう。でも、そんなことはありません。

私たちが主食としている**三大穀物**のタネは、この花びらのない花を咲かせる植物がつくったものです。三大穀物とは、**イネ、コムギ、トウモロコシ**です。**花びらのない花を咲かせる植物の代表はイネ科の植物**であり、三大穀物はイネ科の植物なのです。

これらの植物の花が咲いたあとにできるタネは、世界中の人々の主食であり、地球上すべての人間の食糧となっています。「花びらのない花を咲かせる植物は、細々と生き続けている、珍しいものに違いない」というのは、とんでもない誤解なのです。

イネ科の植物はオオムギ、サトウキビ、タケ、ササなど、他にもたくさんあります。私たちの身近にある、イネのように細長い葉っぱをもつ植物は、その多くがイネ科の植物です。**イネ科の植物は、バラ科、キク科、マメ科とともに、最も繁栄している植物の仲間**です。

前述したように「きれいな花」といわれる美しい花びらは、花粉を運んでくれるハチやチョウを誘うのに役立ちます。では、「花びらがないイネ科の植物の花粉は、どのようにして運ばれて、タネができているのか？」という疑問が浮かびます。イネ科の植物は、きれいな花に頼らずに、自家受粉でタネをつくったり、**風に花粉を託したりしている**のです。虫を誘い込む美しい花びらをもつ植物たちとは違った生き方を選んでいるのです。

イネ（左）、コムギ（左下）の花、トウモロコシ（右下）の雄花。イネ科の植物は、「きれいな花びらをもつ花を咲かせることがない」という、一見、大きなハンディキャップを背負っています。しかし、そのハンディキャップを乗り越えて、立派に繁栄しているのです。「完全・完璧でなくても良い」ということを教えてくれています。

おわりに

私たちのまわりに育つ植物たちは、静かに暮らしています。でも、その陰で植物たちは、本書で紹介した主に5つの戦いをしているのです。そのような戦いをしながら、植物たちは、その生育範囲を広げてきました。

現在、植物は世界中に育っています。「どのように生育地を世界中に広げてきたのか」を考えてください。すると「世界中で、人間が栽培しているから」との答えがあるかもしれません。

でも、植物が世界中で栽培されるには、植物がいろいろな風土の中で育つ性質をもたねばなりません。植物たちは、生まれつきそのような性質をもっていたわけではありません。

植物の祖先は、30数億年前に海の中で生まれ、約4億7,000万年前に上陸しました。その当時は、水分のあるジメジメした場所でしか、植物は育つことができませんでした。植物たちが現在のように世界中で生育し、栽培されていくためには、いくつもの性質を変化させなければなりませんでした。

実際、時代の経過とともに、植物たちは新たな性質や仕組みを身につけてきました。植物たちが水分のあるジメジメした場所から、世界中のいろいろな地域に繁殖するには、いくつかの**画期的な変革**を成し遂げねばならなかったのです。

それらの変革の中から、植物たちが成し遂げた最も大きな3つの変革を、私の独断と偏見で「**3大イノベーション**」とすると、1つ目は、植物たちが**タネ**をつくりだしたことです。2つ目は、タネをつくるために、植物たちが**花粉**を生みだしたことです。3つ目は、植物たちが**きれいな花**を咲かせたことです。

きれいな花を咲かせる被子植物は、動物を利用することにより、生育する範囲を広げ、その土地の風土にあわせて、種類が増えました。ある調査では現在、きれいな花を咲かせない裸子植物の約800種に対し、被子植物は約25万種といわれます。

私たち人間が主に利用しているのは、イネ科の穀物を除くと、きれいな花を咲かせるものや、果実をつくる野菜や果物であり、3大イノベーションを成し遂げた植物たちです。そのため、野菜や果物の栽培地域は飛躍的に広がって、種類も多くなり、私たちと植物たちとの関係は緊密になっています。

「21世紀は、私たち人間と植物たちの共存・共生の時代」といわれます。今後、私たちと植物たちとの共存・共生を越え、ともに栄える**共栄の時代**とならねばなりません。そのために、植物たちが次にどのようなイノベーションを成し遂げるのかが楽しみです。

本書をきっかけに、植物たちの性質や仕組みに興味をもたれたら、拙著『植物学「超」入門』や『植物が生きる「しくみ」にまつわる66題』(ともにサイエンス・アイ新書)、『植物のかしこい生き方』(SB新書)をあわせてお読みくだされればうれしいです。

最後に、原稿をお読みくださり、貴重なご意見をくださった、(国研)農研機構本部企画戦略本部研究推進部プロジェクト獲得推進室のアキリ亘博士(理学)に心からの謝意を表します。

また、本書を企画し、出版にこぎつけてくださったビジュアル書籍編集部の石井顕一氏に深く感謝いたします。

田中 修

参考文献

A. W. Galston, Life processes of plants, Scientific American Library, 1994

P. F. Wareing & I. D. J. Phillips/ 著、古谷雅樹 / 監訳、『植物の成長と分化』＜上・下＞、学会出版センター、1983 年

田中 修 / 著、『緑のつぶやき』、青山社、1998 年

田中 修 / 著、『つぼみたちの生涯』、中公新書、2000 年

田中 修 / 著、『ふしぎの植物学』、中公新書、2003 年

田中 修 / 著、『クイズ植物入門』、講談社ブルーバックス、2005 年

田中 修 / 著、『入門 たのしい植物学』、講談社ブルーバックス、2007 年

田中 修 / 著、『雑草のはなし』、中公新書、2007 年

田中 修 / 著、『葉っぱのふしぎ』、サイエンス・アイ新書、2008 年

田中 修 / 監修、ABC ラジオ「おはようパーソナリティ道上洋三です」/ 編、『花と緑のふしぎ』、神戸新聞総合出版センター、2008 年

田中 修 / 著、『都会の花と木』、中公新書、2009 年

田中 修 / 著、『花のふしぎ 100』、サイエンス・アイ新書、2009 年

田中 修 / 著、『植物はすごい』、中公新書、2012 年

田中 修 / 著、『タネのふしぎ』、サイエンス・アイ新書、2012 年

田中 修 / 著、『フルーツひとつばなし』、講談社現代新書、2013 年

田中 修 / 著、『植物のあっぱれな生き方』、幻冬舎新書、2013 年

田中 修 / 著、『植物は命がけ』、中公文庫、2014 年

田中 修 / 著、『植物は人類最強の相棒である』、PHP 新書、2014 年

田中 修 / 著、『植物の不思議なパワー』、NHK 出版、2015 年

田中 修 / 著、『植物はすごい　七不思議篇』、中公新書、2015 年

田中 修 / 著、『植物学「超」入門』、サイエンス・アイ新書、2016 年

田中 修 / 著、『ありがたい植物』、幻冬舎新書、2016 年

田中 修・高橋 亘 / 著、『知って納得！　植物栽培のふしぎ』、B&T ブックス、日刊工業新聞社、2017 年

田中 修 / 著、『植物のかしこい生き方』、SB 新書、2018 年

田中 修 / 著、『植物のひみつ』、中公新書、2018 年

田中 修 / 著、『植物の生きる「しくみ」にまつわる 66 題』、サイエンス・アイ新書、2019 年

田中 修 / 著、『植物はおいしい』、ちくま新書、2019 年

田中 修 / 著、『日本の花を愛おしむ』、中央公論社、2020 年

田中 修、丹治邦和 / 著、『植物はなぜ毒があるのか』、幻冬舎新書、2020 年

田中 修

1947年、京都府生まれ。京都大学農学部卒業、京都大学農学研究科博士課程修了。その後、スミソニアン研究所博士研究員、甲南大学理工学部教授などを経て、現在、甲南大学特別客員教授･名誉教授。著書に『植物はすごい』『雑草のはなし』（ともに中公新書）、『植物はなぜ毒があるのか』（幻冬舎新書）、『日本の花を愛おしむ』（中央公論新社）、『植物のかしこい生き方』（SB新書）、『植物はおいしい』（ちくま新書）、『植物の生きる「しくみ」にまつわる66題』『植物学「超」入門』『葉っぱのふしぎ』（サイエンス・アイ新書）などがある。

本文デザイン・アートディレクション：クニメディア株式会社

イラスト：アカツキウォーカー

校正：曽根信寿

SBビジュアル新書 0019

植物のすさまじい生存競争

巧妙な仕組みと工夫で生き残る

2020年7月15日　初版第1刷発行

著　者　田中　修
発行者　小川　淳
発行所　SBクリエイティブ株式会社
〒106-0032東京都港区六本木2-4-5
営業03(5549)1201
装　幀　渡辺　縁
組　版　クニメディア株式会社
編　集　石井顕一
印刷・製本　株式会社シナノ パブリッシング プレス

本書をお読みになったご意見・ご感想を下記URL、QRコードよりお寄せください。
https://isbn2.sbcr.jp/03007/

ISBN978-4-8156-0300-7